改變歷史的

Fifty Weapons that Changed the Course of History

國家圖書館出版品預行編目（CIP）資料

改變歷史的50種武器／喬爾.利維（Joel Levy）著；王建鎧譯. - 初版. - 臺北市：積木文化出版：家庭傳媒城邦分公司發行, 2016.04
　面；　公分. -（不歸類；VX0043）
譯自：Fifty weapons that changed the course of history
ISBN 978-986-459-032-2（平裝）

1.武器 2.歷史

595.9　　　　　　　　　　105002080

VX0043

改變歷史的50種武器

原著書名／Fifty Weapons that Changed the Course of History
作　　者／喬爾・利維（Joel Levy）
譯　　者／王建鎧

總 編 輯／王秀婷
責任編輯／魏嘉儀
版　　權／向艷宇
行銷業務／黃明雪、陳志峰

發 行 人／凃玉雲
出　　版／積木文化
104台北市民生東路二段141號5樓
官方部落格：http://cubepress.com.tw/
電話：(02) 2500-7696　傳真：(02) 2500-1953
讀者服務信箱：service_cube@hmg.com.tw
發　　行／英屬蓋曼群島商家庭傳媒股份有限公司城邦分公司
台北市民生東路二段141號2樓
讀者服務專線：(02)25007718-9
24小時傳真專線：(02)25001990-1
服務時間：週一至週五上午09:30-12:00、下午13:30-17:00
郵撥：19863813　戶名：書虫股份有限公司
網站：城邦讀書花園　網址：www.cite.com.tw
香港發行所／城邦（香港）出版集團有限公司
香港灣仔駱克道193號東超商業中心1樓
電話：852-25086231　傳真：852-25789337
電子信箱：hkcite@biznetvigator.com
馬新發行所／城邦（馬新）出版集團
Cite (M) Sdn Bhd
41, Jalan Radin Anum, Bandar Baru Sri Petaling,
57000 Kuala Lumpur, Malaysia.
電話：603-90578822　傳真：603-90576622
電子信箱：cite@cite.com.my

內頁排版／劉靜薏

Fifty Weapons that Changed the Course of History
Published by Apple Press in the UK in 2014

2016年（民105）4月26日 初版一刷
售價／NT$480
ISBN 978-986-459-032-2

改變歷史的

Fifty Weapons that Changed the Course of History

50種武器

喬爾・利維　著

CONTENTS

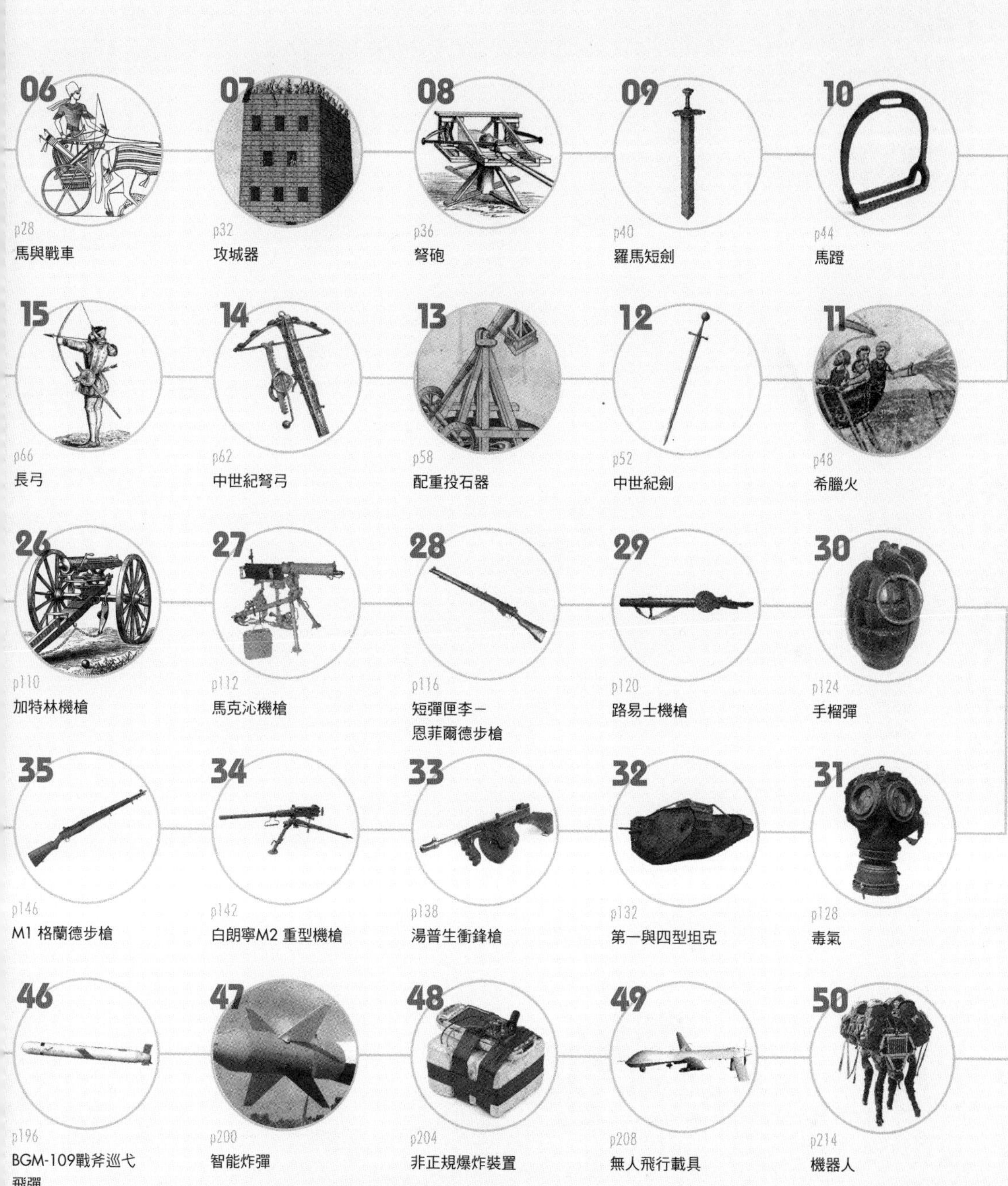

改變歷史的50種武器

據傳約翰・納皮爾(John Napier)在臨終時曾說:「若是為了要毀滅人類,那麼我們已經發明太多武器了」。這句話充分展現這位科技與科學天才對殺人事業的厭惡。「但反觀納皮爾自身,這句抗議卻顯得十分空洞,因為他的反宗教狂熱心態,發明了一大堆怪異恐怖且『足以滅亡人類種族』的各種設備,其中包括:可以在水下航行的作戰設備……一種密閉式裝甲化的馬車,能載著眾多火槍直衝敵陣……還有一種估計能橫掃四英哩以內戰場的射擊砲具。用他自己的話來說,這些發明可以摧毀三萬土耳其人,但不傷任一基督徒。」摘自羅伯特・錢伯斯(Robert Chambers)所著的《蘇格蘭本地年鑒》(*Domestic Annals of Scotland*)。

雖然本書無意讚頌戰爭與殺戮,但確實褒美了歷代武器在工藝與科技上達到的成就,並推崇自古至今武器開發者的創造力與聰慧天才,無論舉世聞名者或沒沒無聞之輩。

戰爭不盡然是人類歷史發展最重要的決定性因素,比起經濟、地理以及個別重要人物來說,它的影響程度還值得進一步討論。但武器無疑名列前矛,而且或許還是最顯而易見、最容易追溯影響力的一種。因此,戰爭的工具對歷史進展來說是一項重要元素,無論是經由累進或革命性的技術突破,新開發出的武器都具有足以左右戰爭的重大影響力。

所以,雖然本書討論特定武器的細節,探索它們發展過程牽涉的技術面向、機械特性以及應用,但其視野更開闊,描述武器於歷史的定位,以及各個劃時代的變化。例如,從矛的發展歷史中,我們可以瞥見人類逐漸宰制這個星球的進程(矛,第12頁),而馬蹬的技術突破,則帶來深遠的歷史影響,左右了歐洲的文明發展(馬

一位朋友在他臨終之際的病榻旁，希望他透露一項秘密武器的內容，他說若是為了要毀滅人類，那麼我們已經發明太多的武器了，如果可以，他會盡最大的努力去讓這些東西少一點；那麼人類就不用看著深植彼此心中的惡意與怨恨，一步步走向滅亡。希望他的臨終願望能讓武器的數量再也不會增加。

——湯瑪斯・厄克特爵士（Sir Thomas Urquhart）對蘇格蘭數學家與武器發明家約翰・納皮爾臨終遺言的紀錄

蹬，第44頁）。

關於武器的選擇取捨難免會有些爭議，某種程度上甚至較為主觀。畢竟歷史並不是剛好由50種武器所改變。特別是這些武器的選擇，還部分參照了我個人對「武器」的定義。我排除了大多數的載具，包括船艦與飛機，因為與其說它們是武器，倒比較像是搭載武器的平臺；另一方面，我把坦克與馬列入。我也盡量試著放進特殊的設備與器具，但排除了一些較為普遍的概念性項目，如鋼鐵、貨幣與鐵路等，即使這些發明都至少一度是影響軍事勝敗的決定因素；另一方面，我同樣把天花與馬蹬選了進來。

每種武器都標注了歷史時期與影響面向。該時期並不一定就是這項武器的發明或起源點，而是它最輝煌的時代，也就是發揮最大影響力的年代。因此部分時間點會比武器問世時間晚了許多。像是手榴彈，雖可追溯至火藥剛發明的年代，但實際到了第一次世界大戰，才成為當時最有影響力的軍事科技之一。長槍（pike），一種長柄尖刃兵器，為長矛的改良品，也可回溯到遙遠的史前時代，但它最光榮的歲月，卻要到了西元十六、十七世紀時，文藝復興時期「長槍與射擊」（pike and shot）戰術盛行的年代。

另外，每種武器的影響將包括社會、工藝、政治與戰術四個面相。這種分類方式或許也一樣容易引起爭論。不過，這大致反應了特定武器影響歷史發展的主要模式。任何一種出現在戰場上的武器，都多少具有戰術意義，但某些武器帶來的衝擊，甚至延伸到戰場之外。例如，馬與馬蹬，便促成了社會與經濟的轉型；而彈道飛彈或許在政治層面的影響力還大於軍事層面。

發明者

Homo habilis

巧人

石斧
Stone Axe

種類

手持武器

社會

政治

戰術

科技

在超過一百萬年的歲月裡，石斧是當時人類公認的尖端科技。它陪著我們的祖先走過了人類歷史的前半段旅程。他們是人類能橫越非洲，再走遍全世界的主要原因。

——尼爾・麥葛瑞格（Neil MacGregor），《看得到的世界史》（*A History of the World in 100 Objects*）

兩至三百萬年前

石斧是第一柄在人屬動物（*Homo*）之間廣泛流傳的武器，它的外型與發展過程與人類演化緊密相連。對人類而言，它所帶來的影響可能超過本書提到的任何一種武器。不過這些在博物館被標注為「石斧」的古物，常常不能歸為同一類，隨著不同的環境與用途而分為不同類型。

切割刀出世

石斧或許是地球最古老的工藝產品。它的樣貌並非一成不變，隨著時間，它演變出許多不同的形式與功能。最早的石斧樣本看起來就跟破碎的石塊沒什麼差別，因此一般人十分難以辨認。這些古老的石頭工具由我們的人類祖先巧人（*Homo habilis*）所製造，其後的繼承者也使用相同的工具，如直立人（*Homo erectus*）。最早出土的一批文物名為奧杜威（Oldowan）石器，地點位於在東非坦尚尼亞北部的奧度韋峽谷（Olduvai Gorge）。這些石斧也稱作「切割刀」，是最易於製作的工具。任何剛從岩石破碎處掉下的岩片或外型相似的岩塊，破裂之處往往會留下尖銳的邊緣。早期的巧人或許已懂得敲打岩石以生產切割刀，又或者直接取用自然產生的碎石片。這些切割刀除了可應用在切、刮等動作上，也可能用來攻擊其他史前人類，進而成為同時具備了工具用途的最早石製武器。

阿舍利（Acheulian或Acheulean）石器被認為演變自奧杜威石器，在法國南部聖阿舍爾（Saint-Acheul）出土。阿舍利石器可能與後來的直立人、尼安德塔人（*Homo neanderthalis*）以及智人（*Homo Sapiens*，現代人）有關，當時人類已具有高度石器加工技術。手藝精巧的原始人類會挑選堅硬石塊沿邊敲下石片，加工出同時具有方便握牢的核心，以及銳利刃狀邊緣的梨型手斧（hand axe），而且也更加耐用。之所以稱

於衣索匹亞的梅卡・葦杜爾（Melka Kunture）考古遺跡出土的奧杜威切割刀。

為「手斧」，是由於其無法裝柄，只適合直接握在手中使用。或許史前人類的手掌皮膚十分堅韌，並有硬繭強化；他們也有可能使用獸皮片包覆石器，就像現代人在斧柄外加裝的皮製握把一樣。這些手斧的實際用途也許超出我們的想像，或許它們根本就不是斧頭、刀子之類的工具，而是某種宗教用具或貿易品。因為無法確定實際用途，因此現在往往以「兩面器」（bifaces，兩面削尖之意）稱呼這批工具。製造阿舍利工具的古代「產業」，其設計與工藝概念已經達到相當高的水準。某些時期與區域出土的兩面器都具有特定長寬比例的特徵，這個比例是寬為長的0.61倍，恰好符合古希臘的「黃金比例」（Golden Ratio）。

斧片與斧頭

阿舍利兩面器存在了相當漫長的時間，到了五萬年前左右依然盛行。但大約四萬年前的舊石器時代晚期轉變（Upper Paleolithic Transition）時，人類文明演化突然加速，連帶影響石器的改良。古舊的兩面石器外型變得更特殊，發展出矛型的尖刃與類似倒勾魚叉的勾喙。在石器安裝長柄也逐漸普及。但帶柄斧頭出現的年代還要相對晚些，大約在三萬年前。而一直到了一萬年前，帶柄斧頭才傳到歐洲北部。

舊石器時代裡，石器開始成為人類眼中的珍貴物品，尼安德塔人大多就近蒐集製作石器的材料，但舊石器時代晚期的人類甚至可以走上約160公里尋找適當的石材。新石器時代的人類更雕琢出精緻美麗的石器，並運用細砂拋磨珍貴的半寶石材料，這些精美石器應不是作為實用工具，而是用在祭儀、交易，甚至是純藝術創造。

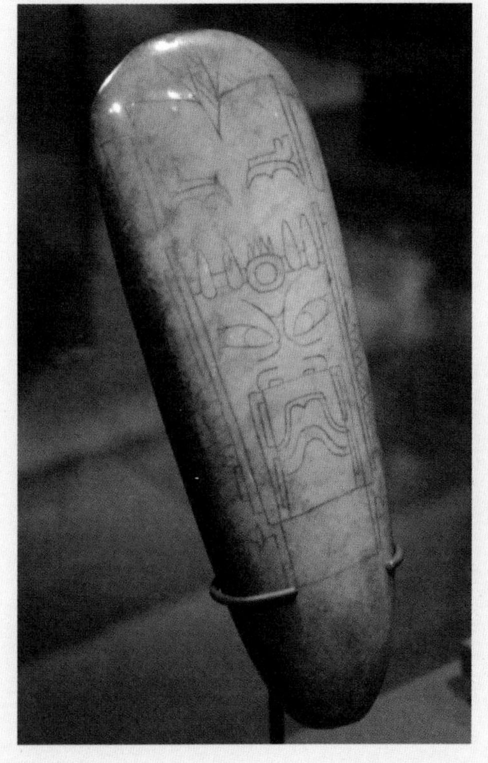

這片帶有紋飾的斧片源自中美洲的奧爾梅克文化（Olmec culture），分布範圍廣大。

握柄的時代

適合以手握持的斧柄，可以利用桿槓原理將力道增加好幾倍。長柄末端裝上斧頭後，不但讓揮舞速度更快，打擊力量也更大，同時也稍微拉開自身與目標的距離。因此，加上握柄的斧頭成為強而有力的狩獵與戰鬥工具，斬擊目標更有效率。事實上，從中石器到新石器時代，人類因開闢森林地帶，而需要不斷砍伐林木，因此帶柄斧頭快速廣泛地應用在生活中。斧柄多半以木頭、骨頭與獸角製成，再以植物或動物纖維混合樺木焦油的膠劑黏合斧刃。

之後，人類更在斧刃上開洞以便安裝握柄。在歐洲北部，這種技術幾乎與最早的金屬斧刃同時出現。這些開孔的斧刃也稱為「戰斧」。在史前時代，戰鬥型與工具型的斧頭主要差異在握柄的長度。戰鬥用斧握柄通常約手臂長度的一半，而工具用斧則短上許多（除了特殊用途以外）。適度加長的戰斧握柄可以發揮桿槓原理的好處，並在拉開戰鬥距離的同時又不致於犧牲握持的方便性。

斧因子

斧頭是否為人類歷史中最簡單的武器或許還有爭議，但它影響了人類的演化過程，實是最重要的武器之一。石器的使用大幅提升了早期人類的各種生存能力，我們因此可以有效獵捕大型動物，並方便分切處理獵物屍體，取得獸皮、肌腱、骨頭等可留用的部位，以及營養價值高的獸肉。人類因此能花更少的力氣得到大量的蛋白質與熱量，連帶慢慢改造了人類的身體結構與生理功能，如顎骨變小及腸子較短（譯注：因為食物營養品質提升，不需要大而有力的顎骨咀嚼大量粗糙的食物，亦不需要較長的腸道提高吸收能力），並可能推動了人類腦部的擴大與社會智力（social intelligence）的發展。

石斧同時增進了人類控制環境的能力，不論是開墾森林或加工木材等方面。例如，石錛（stone adze，衍生自石斧）利於將樹幹砍削製成獨木舟，也讓海洋活動變成可能。

早期石斧作為戰爭武器的影響目前還不明朗，考古學者的意見相當分歧。但目前普遍認為新石器到青銅器時代的人類歷史，在各種戰事的蔓延之下，逐漸變得血腥殘暴。斧頭在其中可能扮演了相當重要的角色，助長了戰火的延燒。

02

發明者

Homo erectus or Homo heidelbergensis

直立人或海德堡人

矛
Spear

社會

政治

戰術

科技

種類

長柄武器

至少四十萬年前

矛是唯一一種所有人類文明社會都使用過的武器。也許是因為尖銳長棒狀的外型實在簡單，所以毫無例外地所有人類都學會了使用它。雖然想要找出這個簡單武器的確切發明時間實在不太可能，但距今四十萬年左右是較為合理的推測，大約在此時，人類學會以火硬化棍棒尖端。目前證據指出，人類掌握生火技術的年代可追溯到七十九萬年前，到了四十多萬年前，各地人類已經懂得利用火過日子。

最先在戰爭把矛當武器的很可能是直立人或海德堡人（*Homo heidelbergensis*）。在此之前，粗略的矛狀棍棒（如斷裂的粗樹枝）已廣為應用了數百萬年之久，也有證據顯示連猩猩都懂得把棍棒當成工具甚至武器。現存最古老的矛可追溯到三十八到四十萬年前，位於德國舒寧根（Schoningen）地區一座據信屬於海德堡人的洞穴內。這些矛長約1.8至2.4公尺長，兩端磨尖但沒有裝上石製矛頭，矛的一旁還有十匹馬的遺體，因此它們很可能是狩獵用的武器。

燧石矛頭

矛的下一步，是將堅硬燧石製成的尖銳矛頭固定於木棍或骨棍前端。尼安德塔人的一脈分支、距今約三到三十萬年前的莫斯特文明（Mousterian），已有大量生產燧石工具與矛頭。這可是必須經歷了舊石器時代晚期轉變（約四萬年前），當文明與石器技術有飛躍性突破後，人類才得以量產高品質的燧石矛頭。燧石矛頭製作精巧，有些甚至已可稱為美觀的藝術品，如具有葉子般的外型、帶有凹槽，有時還設置軸肩構造（譯注：柄孔內的突起）以利固定。經精密切削製成的燧石矛頭，可輕易地安裝至長柄，而凹槽則有放血的功能，讓獵物傷口大量出血。舊石器時代晚期智人帶著燧石矛探索與擴張，其中最引人注目且造成重大影響的事件之一，就是克洛維斯（Clovis）工具產業的形成。

「克洛維斯人」（Clovis Peoples）用來稱呼首先抵達美洲定居的亞洲東北地區移民。他們約在距今一萬五千年前跨越白令海峽（Bering Strait）陸橋而來，從加拿大擴張到整個北美，但一直到三千年前才延伸至南美洲南端。西元1936年，新墨西哥鎮出土一批稱為克洛維斯尖器（Clovis points）的獨特矛頭，在許多北美遺跡的底層都可發現這些加工精美的矛頭，並且往往與捕獲的獵物一同存放。克洛維斯矛頭

典型的克洛維斯矛頭，擁有獨特精巧的敲擊紋路。

被認為很可能（或至少扮演重要角色）就是導致美洲史前巨獸滅絕的武器之一，其中包括像是猛獁象（mammoths）與大樹懶（giant sloths）等動物。

金屬長矛

自各個前工業革命（pre-industrial）文化一直到現代，石製矛頭遍及全球。如法國的諾曼人（Normans）到西元八世紀都還有使用。但我們可在青銅器時代（Bronze Age）看到長矛成為戰爭主要武器的過程，以及如何逐步發展成經典形貌。像是梣木等縱紋且強度高的木材會做為長矛的杆身，而不另加握柄或把手之類的設計。尖端可能有窄頭、寬頭或葉片狀等類型，視各文化或用途差異決定。長矛底端可能裝上尖刺或套環，以便固定矛身，讓長矛兩端都能發揮功效。

自青銅器時代以來，金屬長矛的形貌與使用方式就不再有太大的改變。歷史記錄最古老的版本，出現在蘇美人（Sumerian）記念拉格什的國王恩納圖姆（Eannatum, King of Lagash）戰勝附近城邦所製作的禿鷹碑（Stele of Vultures）。這座西元前2450年的石碑上，刻畫著一支蘇美軍團，由戴盔士兵緊密排列成陣型，手握方型盾牌揮舞著巨大的長矛。同樣地，三千年後的希臘裝甲步兵（hoplite）長槍方陣（phalanx）或羅馬軍團（legion of Romans），都沒有太大改變。

希臘裝甲步兵長矛

希臘長矛在希臘裝甲步兵手中度過了一段最美好的歲月。希臘裝甲步兵由希臘城邦的公民武裝組成，這群有能力自行負擔昂貴武器與護甲的公民，也代表希臘社會中的精英份子。雖然希臘裝甲步兵以其覆以銅片的巨大木盾（hoplon）而得名，但是他們的主要武器則是稱做dory的希臘長

只有少數（日耳曼）人使用劍或長槍。他們多半攜帶一種矛頭尖窄短小的矛（Framea），此武器銳利又易於在各種戰況應變使用，例如貼身肉搏與長距離對抗皆可。

——塔西圖斯（Tacitus），《日耳曼尼亞誌》（*Germaina*, 100）

禿鷹碑上刻著裝備長矛與盾的部隊，排成密集陣型行軍。

矛。這種長矛的確切長度自古以來充滿爭議，古希臘歷史學家希羅多德（Herodotus）強調希臘長矛要比對手波斯人的長矛長上許多，許多文獻也認為希臘長矛至少3公尺以上。現代的歷史重建專家（re-enactor）持續爭論著，因為根據他們的研究經驗，這個長度實在難以置信。重建專家尼可拉斯・洛伊德（Nikolas Lloyd）認為，任何長度超過2.4公尺的長矛都將重到無法操作，但歷史重建研究網站4hoplites.com則認為，長達2.74公尺的長矛仍可作戰。

希臘裝甲步兵的長矛長度，取決於整體的平衡性。錐型矛身細長前端安裝的葉型金屬矛頭（希臘文aichme），以及在較粗的尾端安裝的重型金屬尾刺（希臘文sarouter），就是為了盡可能輕量化矛的前端，並增加末端重量而容易握持操作，使之在維持整體平衡的情況下，將長矛做到最長。其中的金屬尾刺也是件致命的兵器，可以在長矛折斷或近身戰中，不用倒轉矛頭便可繼續戰鬥。

裝甲步兵握矛的方式同樣引起熱烈討論。大多古代記錄指出他們以上肩方式（overarm）扛握長矛，或許是因為避免從盾牌間伸出長矛，而破壞大型盾牌併排形成的嚴密盾牆。但這種握法非常容易造成疲勞，也難以控制長矛；反觀下肩握法（underarm）則較易於握住長矛後段以便掌控長矛。同樣地，歷史重建專家們仍各持己見。

靠著手中的重型長矛，古希臘各城邦的裝甲步兵組成了強大戰力。在西元前五世紀，一次次地擊退來犯的波斯侵略者；到了西元前四世紀，亞歷山大大帝更以馬其頓士兵組成的希臘方陣，征服了當時希臘人所知的整個文明世界。他們使用的薩里沙長矛（Sarissa）甚至比希臘裝甲步兵矛更長，一路來到了7公尺，必須以兩隻手共同握持。因此，裝甲步兵只能改而使用綁在臂上的小型盾牌。

然而，之後的羅馬軍團利用純熟的戰技搭配羅馬輕型標槍（pilum）與羅馬短劍（gladii，第40頁），壓過希臘裝甲步兵矛，最終克服了希臘方陣的威力。不過即使如此，長矛依然在許多文化的軍備中扮演重要角色。

03

發明者

Paleolithic Africans

舊石器時代非洲人

弓箭

Bow and Arrow

種類

投射武器系統

社會

政治

戰術

科技

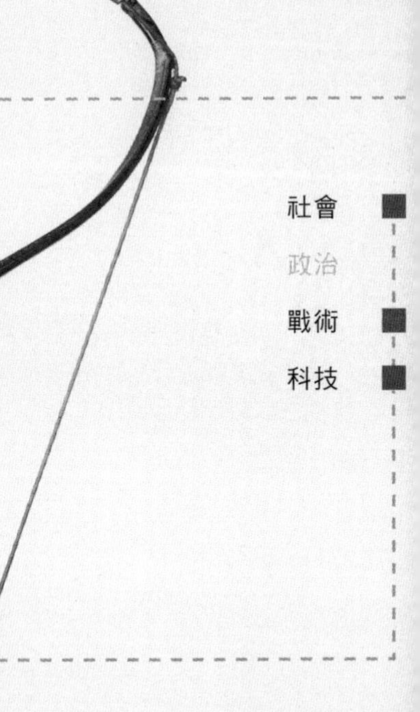

……大草原上致命的複合弓是一項奇蹟般的軍事工藝……超前當代數百年以上……。

——約翰・季根（John Keegan）與理查・福爾摩斯（Richard Holmes），《士兵們：戰爭中男人的歷史》（*Soldiers: A History of Men in Battle*）

西元前六萬年

如同擲矛器（第20頁），弓箭不止是一種武器或工藝技術的發明，它的誕生代表了人類認知與社會能力產生了本質的變化，而它帶來的衝擊，更為人類演化方向帶來了全面且深刻的改變。藉由弓箭，人類擁有遠距離發動致命攻擊的能力，讓原本相對瘦小體弱的人類，突然變得比大多數動物更為強大且危險。它也改變了人類間的戰爭面貌，扭轉了歷史的發展軌跡。

箭頭與沼澤弓

弓通常會使用生物得以分解的有機材料製成，因此很難從考古遺物追溯它們的年代，現存最古老的弓的年紀約略短於一萬年。但以岩石製成的箭頭則可留存更久。目前已知最古老的箭頭發現於南非夸祖魯—納塔爾（KwaZulu-Natal）北部的西布杜（Sibudu）懸崖洞穴，也表示人類早在六萬年前便懂得製造箭頭。

研究者發現這些箭頭帶有插孔與撞擊的痕跡，因此用途應是投射，而非當作矛頭，同時箭頭上還有與箭桿黏合的樹脂膠殘跡。這些考古證據說明當時人類已有高度認知智力，足以製作複雜的合成工具。雖然目前尚不能確認這些箭頭是以弓或擲矛器投射，但它們確實是早期的遠距投射武器之一。

現存最古老的弓箭遺跡，多半來自歐洲，一方面是因為歐洲古代人類大量使用弓箭，另外他們也往往妥善保存。其中最古老的弓在今天丹麥的荷姆格德（Holmegaard）泥煤沼澤出土，為九萬兩千年前以榆木製成，屬於中石器時代。到了新石器時代，弓箭已經廣泛運用在戰爭之中。英國克里克利山丘要塞（Crickley hill fort）出土了大量散落四處的扁平箭頭，光是要塞大門周圍就散布了數百隻箭頭，重現西元前三千年的熾熱戰況。

從單體弓到複合弓

最早的弓為單體弓（Self bow），屬於最簡單的弓體設計，僅以一根木頭製成。一開始，很可能只是以剛砍下來未處理的生木料直接製作成弓。隨著製弓匠人技藝進步，他們逐漸篩選堅固富有彈力的木材，如桉木、杉木、榆木或橡木，並懂得將木料乾燥處理，適當裁取可塑性強的邊材，將其用在弓背（也就是朝向目標的一面，第19頁），更堅韌密實的心材放於弓體內側。到了西元前3600年的青銅器時代，義大利北部雷德洛湖（Lake Ledro）出土的弓，則進一步將弓體兩端加工成反曲形狀。

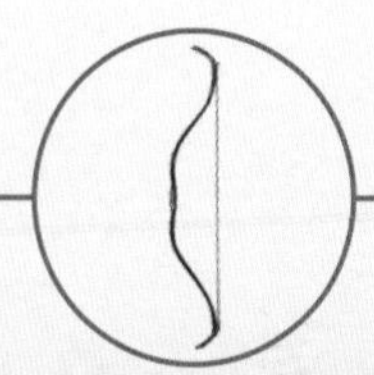

這幅十四世紀的波斯細密畫（Miniature）描繪蒙古戰士在馬背上搭弓射箭的情境。

在歐洲青銅器時代之後，弓漸漸退出歐洲主流武器行列，但在中東與亞洲持續發展，尤其是鐵製工具普及之後，有利於加工木材以及生產品質更好的鐵製箭頭。不過，製弓技藝最大的突破在於進一步使用複合材料製作弓體，促成反曲弓的誕生。反曲弓由動物的骨膠或筋腱拉成條狀黏至木條，接著在弓面黏上堅韌的動物頭角，最後形成如三明治般的複合弓體。此弓製作技術十分精巧，往往使用多種黏著膠劑，不但擁有更強的力量與彈性，整體反而更顯輕巧。因此適合在馬背上輕鬆使用，讓騎兵搖身一變成為高機動武器發射平臺。亞洲與東歐的草原民族多半都精擅馬背上的騎射戰術，例如著名的帕提亞回馬箭（Parthian shot），就是中亞的帕提亞帝國弓騎兵，習於利用詐敗佯退後，反身向疏於防備的追兵射出致命箭矢。

複合弓的威力在軍事歷史上反覆造成巨大影響。西元前1720年，古代埃及人遭到希克薩斯人（Hyksos）的侵略並征服，原因之一就是希克薩斯人的複合弓射程超過埃及人的單體弓，最遠甚至超過183公尺，讓希克薩斯人快速擊潰埃及人。之後的帕提亞人更在數百年裡，靠著複合弓一次又一次地擊敗來犯的羅馬帝國。一直要到蒙古崛起，將複合弓與騎兵完美結合的威力發揮到了極致。

這些草原戰士完美融合了嫻熟騎術與精妙箭術，每一位騎手至少裝備一張射程超過305公尺的反曲複合弓，並搭配不同用途的各式箭頭，如破甲箭頭、傷馬箭頭或裹油的縱火箭頭等。蒙古士兵根據武器發展出對應戰術並結合機動力，讓自己始終保持在敵人武器攻擊範圍以外，反覆利用佯退與詐敗引誘對手。蒙古人與他們的複合弓，最終讓中世紀歐洲與他們自豪的裝甲騎士甘拜下風。

結構分析

弓

[A] 上弓臂
[B] 握把
[C] 下弓臂
[D] 弓弦扣
[E] 弦距

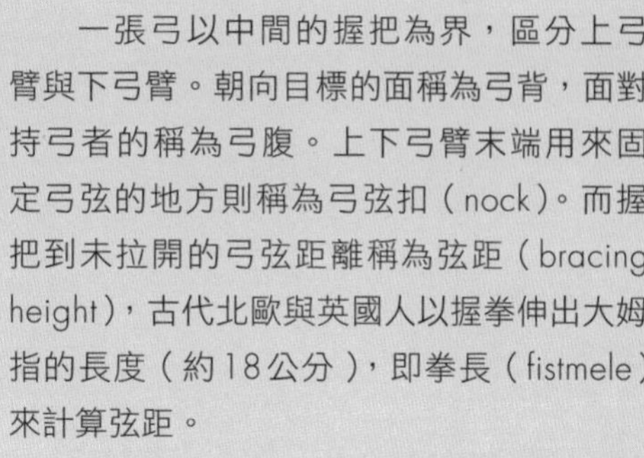

一張弓以中間的握把為界，區分上弓臂與下弓臂。朝向目標的面稱為弓背，面對持弓者的稱為弓腹。上下弓臂末端用來固定弓弦的地方則稱為弓弦扣（nock）。而握把到未拉開的弓弦距離稱為弦距（bracing height），古代北歐與英國人以握拳伸出大姆指的長度（約18公分），即拳長（fistmele）來計算弦距。

弓可以將力量（力學上的功）轉換成動能推動箭矢。你也可以直接用手扔箭，但絕大部分的力量會浪費在揮舞手臂。相形之下，拋擲瞬間轉換到箭矢本身的推動力量實在少得可憐。反觀弓可緩緩施力拉滿弓弦，把手臂的力量充分累積至弓體，此時弓體如彈簧一般蓄滿了能量（力學上的位能），在放弦的剎那轉化成推進的動能，完全施予箭矢。這種緩慢累積力量到弓體，再迅速轉嫁到箭矢的過程，為一種功率放大器（power amplifer）。

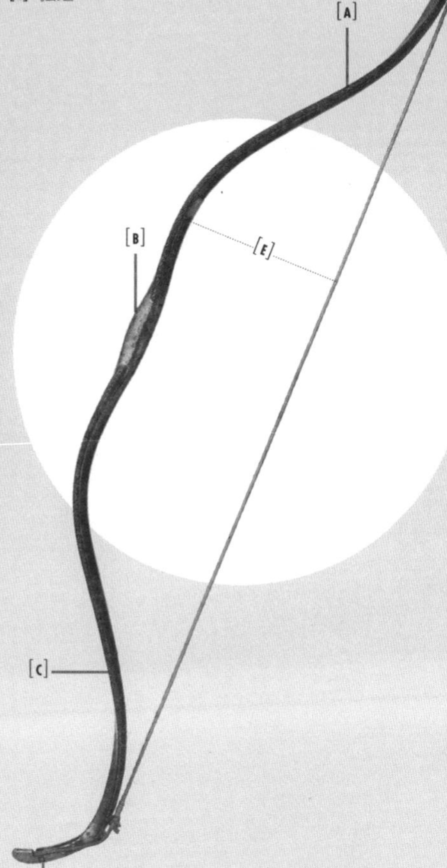

重點特徵

複合弓的材料

複合弓令人訝異的強大張力，來自材料科學的驚人突破。相對於單體弓，這樣的技術簡直如同外星科技。複合弓的發明者透過熟知各種材料的特性，再加上敏銳的直覺，進一步發現堅韌的獸角與充滿彈性的筋腱可作為關鍵材料。

04

發明者

Upper Paleolithic Europeans

舊石器時代晚期歐洲人

擲矛器

Atlatl/ Spear-Thrower

社會

政治

戰術

科技

種類

投射武器

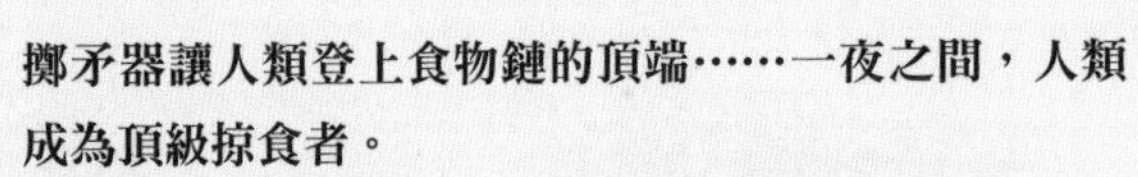

擲矛器讓人類登上食物鏈的頂端……一夜之間，人類成為頂級掠食者。

——鮑伯・塞斯摩爾（Bob Sizemore），古代生活與工藝學會（Study of Ancient Lifeways and Technologies, SALT）

至少十七萬五千年前

擲矛器（spear-thrower或atlatl）是一種與弓一樣久遠或甚至更古老的投射武器。擲矛器與投擲出的物件，如飛鏢、標槍、短矛等投射彈藥共同組成人類第一套整合武器系統。這種透過機械力學創造出的高效率遠距離武器，讓史前人類的攻擊能力與野心有了進一步發展。它所帶來的戰術優勢，甚至讓石器時代的戰士具有與近代士兵勉強一搏的能力，例如十六世紀時對抗西班牙征服者的美洲原住民。

不僅一名，不止一處

擲矛器的名字之一：atlatl，來自墨西哥納瓦特爾族（Nahuatl），他們生活於墨西哥峽谷，屬於阿茲提克文明（Aztec）的一支。部分資料顯示此字原意為「扔水器」（water-thrower），顯然古墨西哥人利用它獵捕湖泊與沼澤中的水禽。擁有類似功能的擲矛器從史前文明一直延續到今日某些社會。除了杳無人煙的南極洲沒有擲矛器的蹤跡之外，令人驚訝的是非洲也從未發現過它的足跡。澳洲原住民稱其為woomera或miru，到了法國則是propulseur，而德國人叫它speerschleuder，西班牙人則稱之estolica。

擲矛器是什麼？

擲矛器通常只是一根簡單的棒子或板子，末端帶有類似勾扣的突起，稱為鉤（hook）或倒刺（spur）。使用者抓住擲矛器的另一端，在鉤刺處安裝鏢、矛或任何類似物體，接著彎曲手臂舉起擲矛器，讓它在與耳朵齊平的高度保持水平。當手握擲矛器向前揮舞時，擲矛器就像是延伸出去的人工手臂，創造更長的施力臂，當使用者手腕在最後猛力拋出鏢或矛的一瞬間，大幅度增加投射力道。這是因為擲矛器末端的勾刺在空中劃出弧線時，速度比手臂快得多，所以能賦予鏢或矛更強大的加速度。世界擲矛器協會（The World Atlatl Association）的約翰・懷塔克（John Whittaker）說：「擲矛器的投擲動作與丟球或石頭一樣。不同之處，在於當你用手投擲東西時，你的手臂就是施力臂，但當使用擲矛器時，力臂將延長許多，就像多長了一段手臂。」

製造擲矛器很簡單，任何末端帶有勾子或明顯突起部位的棍棒都適用。只要簡單切掉勾尾多餘的部分，接著在棍棒另一頭以布條之類的東西纏出握把。突起處即可當作固定鏢或矛的鉤刺。根據史前弓箭與擲矛器學會（Prehistoric Archery and Atlatl Society）的研究，相對於擲矛器簡單的構

造，其實擲矛器並不容易使用。他們指出：「雖然擲矛器是所有投射武器最基本的概念呈現，但想要使用它並不容易。」

然而，一旦掌握訣竅後，擲矛器就是一柄擁有毀滅性力量的武器。根據古代生活與工藝學會鮑伯・塞斯摩爾的研究，擲矛器可將手臂投射鏢、矛等武器的力量增加兩倍以上，投射距離也大幅增加。世界記錄的最遠投射距離可達258公尺。另外，擲矛器也有效提升投射的準確度，這也是擲矛器成為狩獵與戰爭武器的關鍵優勢。

使用擲矛器可以投射更沉重的鏢、矛等武器，同時提升速度與威力又不致減損準頭。例如，1公尺長的擲矛器可以投出1.5公尺長的鏢槍，時速還可以高達80公里，根據塞斯摩爾的研究，時速最快甚至可到270公里。

在投射物結合高速度與高重量的狀況下，穿透力也隨之提升，足以洞穿獵物的軀體，甚至擊穿金屬盔甲。西班牙征服者與阿茲提克人作戰時，付出相當的代價才認清它的威力。想要一試的初學者必須非常小心，因為它可輕易射穿門板或對他人造成致命傷害。

擲鏢侵略者

擲矛器最初出現在舊石器時代晚期的歐洲。現存最古老的遺物來自西元前兩萬一千到一萬五千年，位於法國與西班牙的梭魯推文化（Solutrean）。其後的馬格達連文化（Magdalenian）也出土了許多類似的文物，包括一些非常精巧美麗的藝術品，如法國勒馬斯・達濟勒鎮（La Mas d'Azil）古代遺跡發現並稱為「小鹿與鳥」（Le faon aux oiseaux）的擲矛器，以鹿骨製成，其上雕有小鹿與鳥。

考古證據指出，西元前一萬年擲矛器開始在美洲出現，而且外型類似同時期歐洲梭魯推文化出土的擲矛器。這個證據被用來支持「梭魯推假說」，該假說認為史前歐洲人是最早移民美洲的人類。現今主流學說認為舊石器時代的西伯利亞人才是最早到美洲定居的人類，但目前並未發現考古證據證實當時他們已會使用擲矛器。

另外，非洲至今仍未發現擲矛器。擲矛器大多以容易腐敗的材料（如木頭、獸骨、鹿角等）也可能是原因之一；另一種說法是最早的現代人在非洲一度使用過擲矛器，並在九萬年前帶出非洲後，當地便失傳。在突尼西亞撒哈拉距今五萬年前的遺跡中，曾發現大批扁平的大型燧石石器，雖然有箭頭外型，但更像是飛鏢類的石器，這或許就是擲矛器使用的飛鏢，若是如此，它們可能就是擲矛器曾在非洲存在的證據。就工藝技術來看，擲矛器的發明與製造並不困難，因此也很有可能在各地獨立發明出現，成為從澳洲大陸到北極圈都廣受人類使用的武器。

在北美洲，擲矛器漸漸被弓箭取代，此過程十分緩慢，大約從西元前三千年到五世紀才完成，部分地區有兩種武器同時存在的情況。擲矛器相對於弓箭有一些特別的優勢，例如它可在潮溼環境使用，不像弓弦容易受潮而失去彈性。許多仍維持工業革命前生活型態的人類社群，如澳洲原住民、北美阿留伸人（Aleut）以及南美亞馬遜印地安人奎庫洛（Kuikuro），到二十世紀前都仍然使用著擲矛器。

十九世紀的西伯利亞阿留伸人以擲矛器投射魚叉狀的鏢槍。

旗石

出人意料地，擲矛器研究圈中也充滿各種爭論。例如，擲矛器的運作是單純利用槓桿原理，還是如同弓弦藉由彈性變形賦予鏢、矛動力；近來的高速攝影分析認為答案應是前者。另一項爭論則是擲矛器、鏢或矛的本體是否也有產生形變，讓投射速度提高；再一次地，最新研究顯示這些施力過程的形變雖然有助提升投射的精確性，卻無益於投射出去的速度。

不過，擲矛器領域中的最大爭議，恐怕要屬旗石（Bannerstone）的確切用途。目前為止，全球只曾在北美洲發現過旗石。它被認為用來加裝在鏢桿或矛桿上，以穩定投射軌道，又或者藉著增加本體重量來提升動能，最終改善武器殺傷力。另一方面，也有人推測旗石是修理擲矛器、鏢與矛的工具，或單純做為儀式、社會地位裝飾品等用途。旗石的精巧雕刻工藝、藝術價值，以及在某些地區做為陪葬品的現象，說明它們很可能不只是實用工具。

05

發明者

West Asians

西亞人

青銅器時代劍
Bronze Age Sword

種類

帶刃武器

社會

政治

戰術

科技

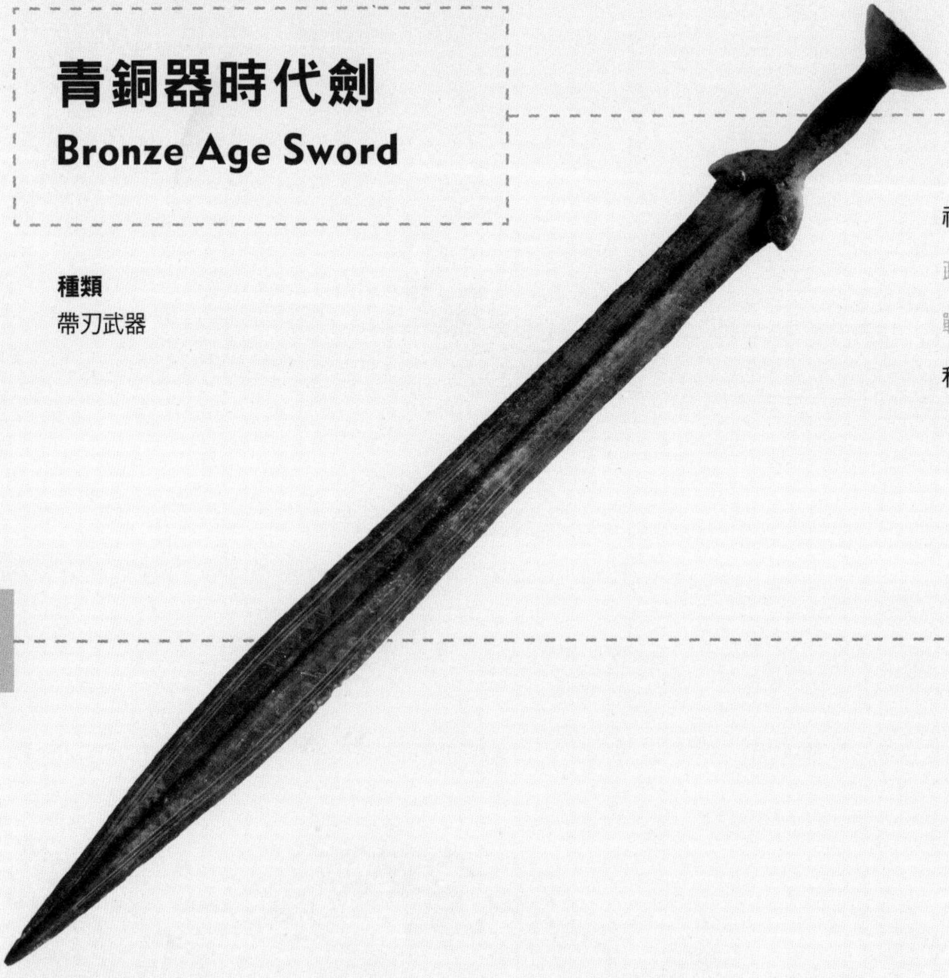

西元前三千年

火藥時代前的代表武器——劍，在武器歷史中名列尊貴地位。打造或擁有一柄劍往往代價高昂，因此象徵著擁有者的身分地位。劍的出現，依賴金屬工藝技術的進步。雖然石器可以打磨到良好的鋒利程度，但因材質偏脆，很難一直保持刀鋒銳利。因此石刃主要製成匕首或小刀，若是尺寸更大會變得過度沉重而難以持用。

銅的魅力

銅是自然狀態下多半以純元素存在的金屬，少以化合物方式呈現。它也是一種外觀醒目，可供鍛造，又具有抗腐蝕性質的材料。早在西元前9000年人類就知道如何使用銅，但一直要到西元前4500年，西亞的美索不達米亞（Mesopotamia）才有組織地大量生產銅製工具，而人類便進入了銅石並用時代（Chalcolithic Age）。許多銅製匕首與斧頭在此時出產，但歷史學家認為當時的銅器不夠堅硬，所以可能並非實用工具，而是基於銅器美麗光澤與稀有價值的儀式用品。

銅本身不適合砍劈與斬切，但如果只是刺擊，它已具足夠的堅硬程度。最早的銅劍出土於土耳其托魯斯（Taurus）山脈的阿斯蘭提佩（Arslantepe）遺跡。考古學家在此找到九把銅刃，時間可追溯至西元前3300年（比另一批年代稍近的銅劍早了一千多年）。它們被稱為劍，長度在45到60公分間，鋒刃與劍柄一體成形。也有人認為它們與長匕首並無差異，但是在羅馬大學（Rome University）考古、人類學、歷史等科系執教的馬希拉・法蘭吉佩恩教授（Prof. Marcella Frangipane）則表示：「這些銅劍以銅砷合金製成，此材質為高明的冶金技術。煉製銅劍時，須刻意加入砷，目的是改變銅的金屬特性以形成更堅硬的金屬材料……它們的長度無疑說明了它們的用途」。古埃及常見的銅劍稱為Khopesh，為一種鐮狀劍，這種從農具發展的設計在整個古代中東地區都可發現，在戰鬥中主要用來砍劈對手，或做為處決的刀具。埃及式的鐮狀劍可以長達60公分。

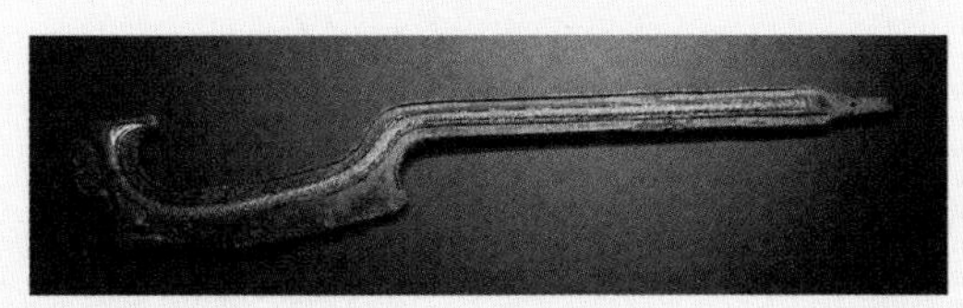

黎南特（Levant，敘利亞到約旦的地中海沿岸）出土的埃及鐮狀劍，約西元前八世紀，主體是青銅劍刃並以金銀鑲嵌裝飾。

阿基里斯（Achilles）抽出他鋒利的劍，並朝萊肯（Lycaon）頸子下方的鎖骨刺去；他的雙鋒劍深沒至柄，萊肯癱在地上，暗沉血液自身體泉湧而出，身下大地皆浸其血。

——荷馬（Homer），《伊里亞特》（*The Iliad*）第二十一卷

青銅器人類

匕首與劍的明確分野，在於匕首的鋒刃用於刺擊，但劍還兼可砍劈，不過出土古物很難使用此原則判斷。另外，武器長度有時也可以當作線索，不過，鋒刃長度為51至89公分的埃及鐮狀劍Khopesh則是例外，一直到發現銅與錫能合成青銅之前，它還稱不上是劍。因錫與銅煉成的青銅合金硬度更高，可製成鋒銳的劍刃。而適當打磨後的青銅器光澤優美近似黃金，更進一步增加人們擁有的欲望。西元前三千年，西亞地區的人類開始掌握青銅合金的技術，開啟了青銅器時代（Bronze Age）。青銅合金可以輕易造出強度足夠的器物且易於加工成形，如銳利的鋒刃。

金屬本身的強度決定於鄰近原子之間鍵結的緊密程度。當這些金屬原子秩序井然地整齊排列時，能形成非常扎實的格狀結構，堅固且難以打散。要打破這種金屬原子緊密排列的格狀結構，需要相當多的能量撞散並重塑成較鬆散的結構。不過，如果一開始這個格狀構造就有瑕疵存在，也就是排列錯位（dislocation，又稱差排），那麼只要打散少數幾個原子，就能輕易打破整體結構。因此帶有差排瑕疵的金屬比較容易受損。解決差排問題的方法之一，稱為冷作（cold working），即常溫下反覆鎚打的過程，將金屬原子錯位排列的區域慢慢敲打推移到格狀結構的邊緣，讓其對結構強度的影響降到最低。這就是為什麼冷作技術可以產出品質更優秀的鋒刃。

青銅劍器在接下來的一千五百年間傳遍了歐亞大陸。錫在青銅合金中的比例，會影響刀刃的特性：較多的錫賦予青銅合金更高的硬度，但也更脆而易碎；較少的錫讓青銅合金較軟但更有韌性，在戰鬥中不易因敲打而碎裂。青銅劍器多半是刀刃與劍柄一體成形，有時會在刃面刻出溝槽來減輕重量，同時有助於讓敵人受劍擊的傷口流血狀況加劇，有時也會做出寬大的護手保護持劍的手。另外，青銅工匠還發現經由鍛打青銅合金，可進一步改善硬度（如

史前時代的鍛造廠，青銅器鍛造師正鑄造劍支。

今已知由於金屬原子的結晶構造可因鍛打更緻密）。最後他們還發展出鍛打配合回火（tempering）的技術，同時提升強度與韌性。

鐵器時代

到了青銅器時代的末期，青銅劍器的品質已與鋼材相差不遠，且在一般鐵器之上。但因為錫的產量稀少（歐洲只有少數幾處出產錫礦，如不列顛島西南部），造成青銅合金的成本居高不下。另一方面，隨著金屬工藝技術的發展，熔爐加熱的溫度提高至可煉鐵。鐵礦產量豐富，因此鐵劍逐漸變得比青銅劍便宜又容易取得。人類更將鐵進一步煉成鋼材（這個偶然又經過了一千年才發生），鋼材的強度與韌性都超過青銅合金。到了西元前1300年，人類正式揮別青銅器時代，進入鐵器時代（Iron Age）。

無論是青銅或銅武器（尤其是劍），已改變了人類歷史脈絡。銅與青銅武器的生產與技術需求，創造了一批專業金屬工匠，以及長距離貿易網路，例如腓尼基人（Phoenician）到英格蘭康沃爾郡（Cornwall）的錫貿易旅程，同時帶動了文化交流。這些影響刺激了城市文明的興起，也讓「文明人」比仍過著石器時代生活的「野蠻人」擁有相對先進軍事優勢。許多偉大的青銅器時代古文明，如埃及、蘇美（Sumer）、西臺（Hittite）、邁錫尼（Mycenae）等等，都是誕生於這個人類文明化的過程。

06

發明者

Steppe Peoples of southern Central Asia

中亞南部草原民族

馬與戰車

Horse and War Chariot

社會 ■
政治 ■
戰術 ■
科技

種類

機動作戰平臺

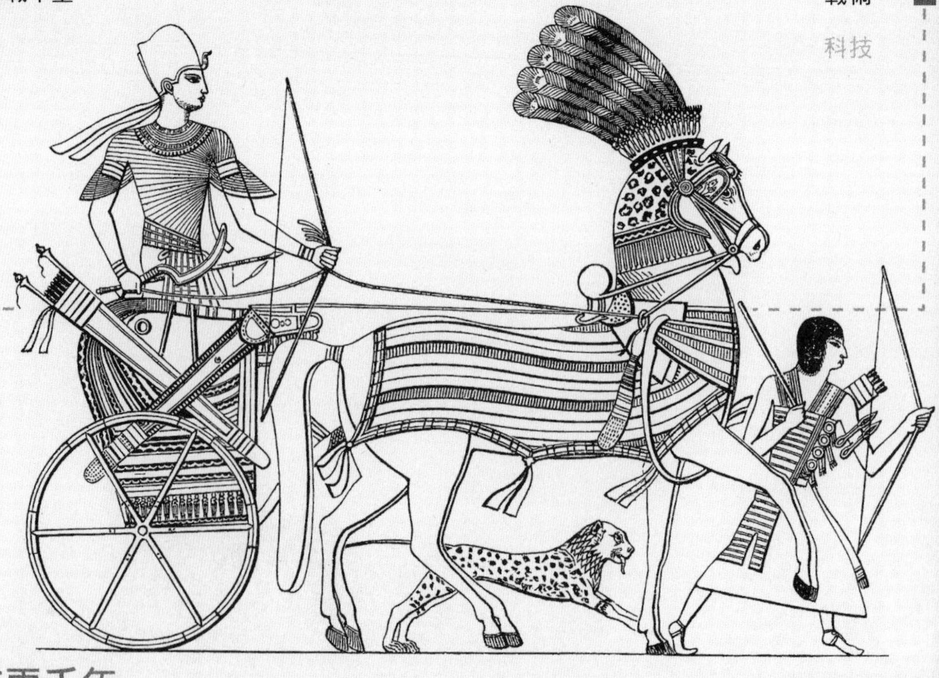

西元前兩千年

馬的馴化在軍事方面具有深遠而巨大的影響。馬是戰場的主導力量，一直到十九世紀晚期（即使在第一次世界大戰，牠們依然扮演重要的軍事角色），馬都往往左右了戰事的發展。馬的龐大身軀與狂野脾性，本身就是一種武器，當其背上載了戰士之後，更轉變成高機動的作戰平臺，可以快速抵達關鍵的戰術位置並發動致命攻擊。而隨著利用馬匹的方式逐漸演進，牠們扮演的角色也跟著不斷地轉變。

突進

馬被人類馴化的確切時間與地點一直沒有定論。西元2012年劍橋大學的遺傳基因研究指出，馬很可能在距今六千年前的歐亞草原西部被馴化。這些馴化馬匹在之後一段不短的時間裡，依舊持續在橫跨歐亞大陸的草原各地，與野生母馬繁衍後代（從現代馬匹體細胞中的粒腺體DNA可以一路追溯至野生母馬，因為粒腺體DNA由母馬直接傳遞給下一代）。

馬匹馴化的年代也許會讓軍事歷史學者感到驚訝，因為要到西元前2000年，辛塔什塔（Sintashta）文明的部分陪葬考古遺跡才出現馬匹運用在軍事的證據。或許在之前的數千年裡，馴化的馬匹主要協助農業生產，包括提供肉與奶。這些早期馴化的馬匹比現代馬的體型瘦小許多，無法拖拉或承載物品。部分考古證據指出，西元前3000年已有最早的有輪車輛出現，而蘇美人甚至將它們應用在戰爭。著名的蘇美烏爾戰幟（Battle Standard of Ur，一件木製鑲嵌史前文物，完成於西元前2500年）就刻下了蘇美軍隊的陣容，包括驢拉的四輪戰車，載著手握標槍的士兵。但是驢戰車既不夠快速也不夠靈活，因此並沒有主宰戰局的能力（相較於二輪戰車，四輪戰車的機動能力差且很難轉彎）。不過，到了西元前2000年左右，情況出現了轉變。

……戰陣之日，派得上用場的是精瘦的戰馬而不非肥壯的牛。

——薩迪（Sa'di, 1184-1292），《玫瑰園》（*The Gulistan*, 1256）

戰車狂熱

西元前2000年，歐亞草原的育馬者成功培育出更強壯的馬匹，此時正值青銅器時代中期，也是青銅冶金術與鍛造術的發展高峰。強壯的馬匹與青銅器技術結合，形成戰場的全新武器——馬戰車，在發明後的幾個世紀裡，馬戰車橫掃歐亞大陸。這

烏爾戰幟的細部放大，雕刻著裝備一筒標槍的四輪戰車。

種兩輪戰車輕巧靈活，在熟練駕手的操縱下，可以在時速高達39公里的同時保持靈活機動。馬戰車通常載有兩到三名乘員，其中一人專司駕車，另外兩人則使用武器。

馬戰車的衝擊力道，常與第一次世界大戰出現的坦克聯想在一起，兩者都是結合機動力與裝甲的產物。馬戰車可快速移動至戰場的任何角落，做出立即的戰術反應，也可運用恐怖的衝鋒突破對手戰線，並在必要時自戰鬥中快速脫離。

另一方面，馬戰車軍事體系的建立，仰賴昂貴的優秀戰馬與高品質金屬兵器，從而促成特殊的社會經濟系統。當時只有最富有且最有權勢的社會階層，才擁有足夠的資源提供馬戰車所需的裝甲與兵器。同樣地，他們也以這樣的武裝力量，維持自身的社會地位。社會階級較低、無法負擔昂貴兵器費用的只能成為步兵，因此成為戰場中受馬戰車精英階級壓迫的對象。後者很快就主宰了社會。漸漸地，馬戰車侵略者將此軍事兵器自中亞草原南部向外傳播開來。

到了西元前1400年，冶金技術卻改變了這個社會經濟平衡，打破馬戰車建立的階級。早在西元前3000年發現的鐵，在此時結合了滲碳（carburization）與鍛造熟鐵的技術，終於產出更為堅韌的鋼材，宣布鐵器時代來臨。鋼材製作武器與護甲的品質超越青銅器，且原料鐵礦更容易獲得。因此，金屬兵器不再只有社會精英才能擁有，裝備鋼製兵器與護甲的步兵開始取得與馬戰車比肩而立的地位。不過雖然馬戰車在歷史證明了自己的價值，但是馬匹的軍事潛力還尚未發揮到巔峰。

到了西元前900年左右，中亞南部的育馬民族再次成功地培育出更龐大強壯的馬匹，足以載著全付武裝的士兵奔跑。騎兵就此誕生。不過，在馬蹬還未發明（第44頁），以及真正最強韌的戰馬品系也還沒形成的早期時代，只有輕騎兵存在。此時的騎兵只能穿著厚布或鱗片護甲，使用標槍、騎矛或弓箭。在希臘羅馬時代，騎兵的重要性還比不上希臘長矛兵與羅馬軍團步兵（第14與40頁）。雖然此年代的裝甲步兵是主宰戰場勝負的主角，但騎兵也曾在一些重要戰役發揮了左右勝負的功能。比如亞歷山大大帝與他著名的馬其頓騎兵團（Companions，由善戰的近臣組成的親衛騎兵隊），是馬其頓軍隊最具代表性的精銳騎兵。靠著敏銳的戰術眼光運用突擊與衝鋒戰術，亞歷山大大帝成就了許多驚人的勝利。

西元前331年的高加米拉戰役（Battle of Gaugamela）中，亞歷山大大帝在最關鍵的時刻，指揮騎兵衝鋒擊敗了波斯國王大流士（Darius）所率領、規模更龐大的軍隊。戰役中，亞歷山大藉著適當部署與調動軍隊引誘對手，讓對手的龐大戰線顯露破綻，抓到戰線空隙後，亞歷山大便親自帶著馬其頓騎兵直指空隙發動衝鋒，成功突擊大流士所在位置，波斯軍團隨之崩潰。亞歷山大不只贏了那場戰役，也征服了龐大的帝國。

西元前216年，坎尼戰役（Battle of Cannae）中的騎兵再一次展現了重要地位。戰役中，羅馬軍隊的龐大遠超過對手迦太基（Carthage）漢尼拔（Hannibal）將軍率領的軍隊，特別是步兵。然而，羅馬騎兵的質與量都遜於對手。開戰後，漢尼拔的騎兵成功驅散羅馬騎兵，接著策馬繞到羅馬軍團的後方，進一步與前方的步兵形成致命夾擊，血洗數量龐大的羅馬士兵。漢尼拔的騎兵已有足以稱為重騎兵的升級——身軀龐大而強壯的戰馬，承載身穿重型護甲的騎兵作戰。不久後，真正的重騎兵就在中亞誕生。西元前100年的帕提亞人學會在冬季餵養母馬苜蓿，得以產下更為精壯高大的戰馬，此戰馬能在載著全副武裝士兵的同時，自己也披上完整護甲。這支人稱cataphract的重騎兵，讓帕提亞人在接下來的數世紀中成功抵禦無數次的入侵。這種軍事技術隨後也傳入拜占庭（Byzantium）與歐洲。

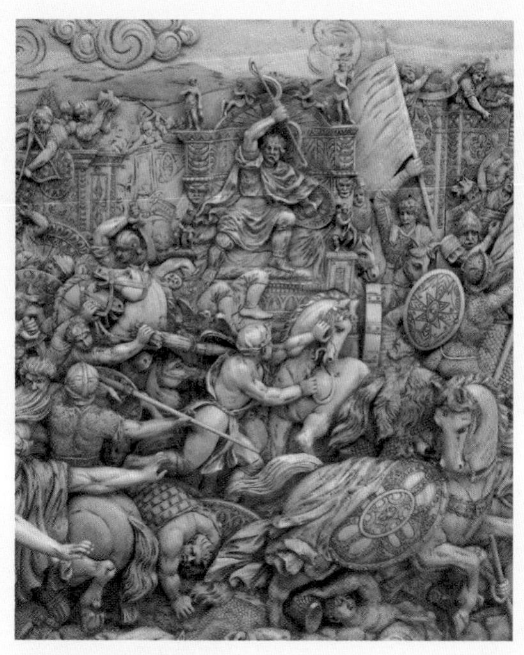

亞歷山大率領騎兵衝鋒，扭轉了高加米拉戰役的結果，也改變了歷史走向。

07

發明者

The ancient Assyrians

古代亞述人

攻城器
Siege Engines

社會
政治
戰術
科技

種類

攻城用武器

西元前兩千年

新石器時代的人類開始建築永久定居地，並在居處屯積物質。因此，也逐漸強化定居地的防禦能力。進入信史時期（historical period）後，部分這樣的要塞已相當壯觀宏偉，例如西元前2000年尼尼微城（Nineveh，亞述人國都）的石牆約長80公里、高37公尺，且石牆厚度可達9公尺。同時代的巴比倫城（Babylon）則已被認為建有極為廣大的城牆。到了西元前600年的新巴比倫帝國（Neo-Babylon Empire）時代，巴比倫以19公里長的巨大城牆圍繞。古代希臘史學家希羅多德曾描述這面城牆寬闊到足以讓一輛四輪馬車在牆上奔馳。

還要更高

征服這些強大城塞，意味著攻城過程將漫長、艱困且代價高昂。無論攻城或守城的雙方都有可能在攻城期間被饑荒與疾病打垮。當然，可以用挖掘、撞擊、水淹等方式破壞城牆，但是一旦靠近牆底，就會曝露在城頭箭雨、石塊與滾燙熱油之下。因此，特別設計的攻城器械就是必要的工具。

西元前2000年的亞述軍隊，可能是世上第一支分出不同軍種的軍隊，其中包括了工兵。到了西元前1000年，他們更打造出六輪攻城塔，並在塔上安置弓箭手，以及裝配可投射拋擊的撞鎚。西元前900年的尼姆魯德城（Nimrud）宮殿浮雕便描繪此攻城塔。

尼姆魯德城浮雕，約完成於西元前900年。可見攻城器神似現代坦克，中間如同坦克主砲的構造，其實是一支撞鎚。

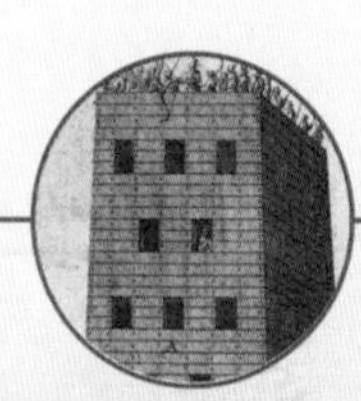

破城者

古代希臘人發展出各式設計大膽且複雜的攻城塔，埃皮馬格斯（Epimachus）打造的「破城者」（helepolis）讓攻城塔的傳說達到巔峰。當時的馬其頓國王德米特利（Demetrius Poliorcetes），在攻打羅德島（Rhodes）時，找來了知名的雅典建築師埃皮馬格斯打造攻城塔。根據身兼羅馬建築師與工程師的維特魯威（Vitruvius）記載：「破城者造價昂貴且設計與運作都極為繁複，高41公尺、寬18公尺……攻城器本身便重達163.239公噸」。或許維特魯威的描述不盡精確，但其他古代史家也曾描述類似的角錐狀攻城塔，高度也有40公尺，以八個輪子推動，並內建上下兩道樓梯。

古代史家戴奧多羅斯（Diodorus）也曾記述破城者需要三千四百人推動前進，不過實際推動的方法仍還充滿爭論。戴奧多羅斯認為，攻城塔底部安裝許多巨大橫桿供人力推動，但是攻城塔的尺寸只能容納約八百人。另一種說法則認為攻城塔前方可能放置許多錨點，再藉由大量滑輪拉動。如此一來，攻城塔後方還可配置更多人力與獸力，在攻城塔的掩護之下以滑輪拉動塔身前進。戴奧多羅斯還記述：「這些輪子還設計成可以同時前後左右移動」。但這臺成本驚人又極度耗費人力的攻城塔看來沒有派上用場，羅德島並沒有被攻陷，德米特利被迫與當地人簽訂合約結束戰爭。

攻城塔與龜甲車

羅馬人自希臘文化吸收了大量的軍事經驗，並青出於藍。他們成為攻城器械的專家，善於以攻城器攻破敵人的城塞。這些攻城塔加裝了生獸皮與層層厚布，並塗滿防火材料以防禦敵人的火攻與遠距武器射擊。在一世紀的猶太人革命戰爭中，羅馬人更在攻城塔安裝鐵板加強。不過，從出土的攻城塔殘骸來看，這些額外的改良除了增加重量之外，並不總是能發揮實質用處。

部分攻城塔頂層會裝有活動橋板（拉丁文Pons），當攻城塔推進到城牆時，就能放下橋板讓士兵從塔頂衝上城頭。攻城塔的中層則會裝上撞鎚，即一根前端覆以鐵製鎚頭的樹幹。這種撞鎚旁邊還會設計輔助

如果軍隊指揮官審慎選擇適當的設計，並持續按照縝密計畫完成攻城器械，同時潛心遵從神聖的指引……他們將輕易地征服城市，特別是那些阿法爾人（Afar），能免於該死敵人帶來的致命傷害。

——拜占庭的海龍（Heron of Byzantium，以古希臘學者海龍做為化名），《攻城戰教則》（*Parangelmata Poliorcetica*, 950）

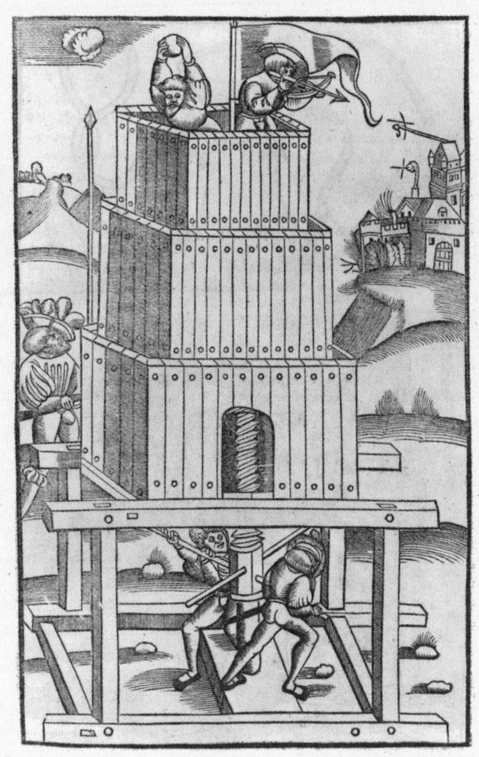

此十六世紀手稿記載著伸縮式攻城器，其以絞盤螺旋將塔身升起。但可能只是虛構的設計。

結構，以增加鎚頭的面積，例如倒鉤狀的橫樑，可在撞進城牆後，拉垮周圍城牆石磚。另外，塔身會安裝許多稱為terebus的小型鐵尖頭，可以協助撞垮城牆上的各個石磚。羅馬人還有設計單層攻城器，稱為龜甲車，以龜甲狀的護甲（龜甲，testudo）保護撞鎚。

西元四世紀，羅馬軍團中每一百名正規裝甲步兵配屬一臺攻城器；相較之下，拿破崙時期每一千名士兵才得以配屬三門火砲。不過，除了羅馬軍團精巧與豐富的攻城器，羅馬軍團最重要的攻城工具可能就是鏟子（用來挖掘圍城工事與建築）。羅馬士兵的職責之一便是紮營（castramentatio），行軍時，在抵達永久據點前，必須在每晚過夜前完成具備壕溝與完整柵牆的堅固營寨。

羅馬士兵可以在三到四小時左右完成標準的營寨。他們運用工兵鏟具的能力實為傳奇。西元前二世紀中葉，迦太基圍城戰役中，六千名士兵投入支援性的土木工程，只為協助一臺巨大的攻城鎚順利運作。到了斯巴達克斯（Spartacus）的奴隸革命戰爭時，羅馬將領克拉蘇（Crassus）指揮士兵挖出一條深度與寬度為4.6公尺，長度達55公里的壕溝，跨越義大利半島南方的趾部地區。接著，西元前52年的阿萊西亞圍城戰（Siege of Alesia），凱撒（Caesar）麾下的士兵挖出200萬立方公尺的土方，構築包圍敵人城鎮的巨大壕溝圍牆系統，其中包括一道嚴密的內牆針對被包圍的城鎮，稱為內圍牆（circumvallations）；以及一道同樣堅固的外牆針對前來解圍的敵人部隊進行防禦，稱為外壘牆（contravallations）。這樣的圍城工程設計，最終不僅擊敗城中的高盧人領袖韋辛格托里克斯（Vercingetorix），更保護了羅馬軍隊不被數量達到五倍以上的對手援軍打垮。

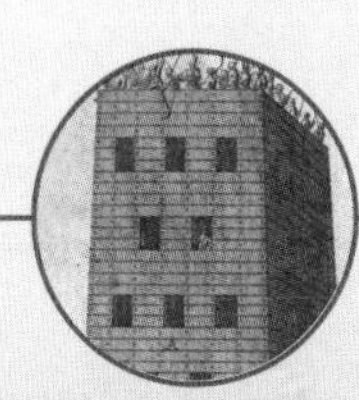

08

發明者

The ancient Greeks

古希臘人

弩砲

Ballista

種類

砲兵武器

社會

政治

戰術 ■

科技 ■

西元前三百年

羅馬軍團令人恐懼的戰力不僅來自充沛的優秀人力、簡單而高效率的戰術，更加上一批批擁有毀滅性威力的砲兵器械，以驚人的高速投射巨大的鐵鏃弩矢或沉重的石頭，同時足以打破城牆，也可以精確地射殺戰場上的特定士兵。

源自希臘

弩砲的希臘文為ballista，意指「扔出去」。弩砲的原始設計類似大型十字弓，但操作原理略有不同。古希臘人建造出最早的弩砲，當時的確是做成十字弓的巨大版，主要使用弓弦拉開木製弓臂，以累積木製弓臂的張力。當弓弦鬆開，木製弓臂彈回原位時，便將扣在弦上的弩矢（大型弓箭箭矢）或石塊，以致命的高速發射出去。西元前四世紀，這類武器在敘拉古僭主戴奧尼修斯（Dionysius of Syracuse）與迦太基的戰爭中大放異彩，它們向城鎮投出眾多狂暴的弩矢，甚至擊破城牆。

扭力應用

羅馬人的弩砲運作原理與希臘人的不盡相同，但仍源自於希臘，就在羅馬人於布匿戰爭（Punic Wars）中與希臘殖民地發生衝突時，羅馬人遇上了這些弩砲。羅馬弩砲的原理是借用扭曲彈力材料累積扭力，並在瞬間展開時釋放扭力。提供扭力的材料是以動物筋腱與厚繩索捲成的繩筒，可儲存驚人的能量。許多羅馬砲兵器械也利用扭力，包括「野驢」（onager，譯注：因投石桿揮舞的方式如驢子踢腿而得名）等多種扭力投石器。

羅馬弩砲的基本設計包括兩隻弓臂，分別埋在繩索與動物筋腱混編而成的繩捲筒裡。弓弦則以槓桿拉捲，並以棘輪（ratchet）卡住固定。接著，將弩矢或石塊安裝在溝槽等待射擊。西元70年，古希臘亞歷山大城的數學家與工程師海龍（Heron of Alexandria）描述了基礎操作步驟：「當半簧板裝好拉緊後，弓臂會被捲向外側……你必須依描述拉開弓弦，再扣下板機」。至於絞緊的弓臂向外張開變得如同十字弓，又或是向內收縮，兩者有些爭論。主流看法為前者，但晚近一些的考古證據，如1972年在伊拉克的哈特拉（Hatra）古城首次發掘出來的弩砲，反而支持後者。

這個簡單的設計其實是一組複雜的木鐵複合系統，包括捲曲彈性繩索的絞輪，

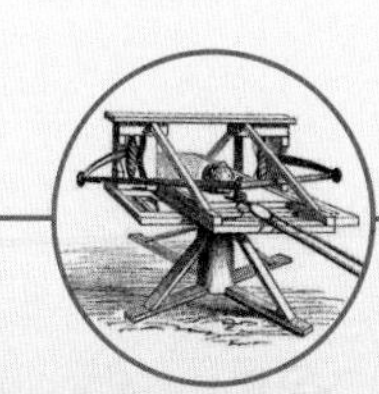

前鋒被蠍式弩（小型弩砲）呼嘯而出的大量石頭打散，砸死許多敵人。

——阿米亞努斯・馬塞林（Ammianus Marcellinus），《史實》（*Res Gestae*）第十九冊，西元359年的阿密達（Amida）攻城戰

以及利用槓桿張開弓弦所需的絞盤與滑輪構造。羅馬弩砲是兼顧強大力量與準確度的武器。一臺正常的弩砲可以將1公斤重的弩矢射到274公尺之外。大型弩砲更可以投射4.5公斤重的弩矢，射程能超過411公尺。

羅馬弩砲的精確度相當高，足以從遠距離瞄準單一目標。此說法也已由考古研究與歷史文獻證實，如在西元43年英國與羅馬於梅登城堡（Maiden Castle）作戰喪生的英人骨骸，其脊柱便插著一支羅馬弩矢。另一筆著名記載來自尤里烏斯・凱撒（Julius Caesar）在入侵高盧時寫下的紀錄。西元52年，阿瓦利肯（Avaricum，今日的布爾日[Bourges]）圍城中，羅馬人蓋了一臺巨大的攻城器，幾乎與城牆一樣高。凱薩記載：「敵人察覺到高盧人的命運，完全取決於這一刻。而接下來眼前的景象實在無法忘懷，讓我覺得此景絕對要記錄下來」，他繼續說道，「攻城塔的對面，出現一名高盧人，揮舞著火的油脂或瀝青之類的東西，試著毀掉攻城塔。羅馬人以弩砲瞄準他，一箭斃命。但另一名高盧人隨即補上位置，卻又再次被弩砲射殺。如此反覆持續了一整晚。這些該死高盧人置死生於度外的英雄行為，值得傳頌後世。而羅馬弩砲令人印象深刻的精確也同樣優秀。」

羅馬人將原始弩砲發展成一系列類似的武器，包括最普遍的小型雙人操作的蠍式弩（Scorpio），可以發射4羅馬磅（1.3公斤）重的石頭或箭矢。當裝在馬車上或加裝輪子後，便成為機動的弩車，稱為carroballista。另外，手弩（cheiro-或manuballista）則更輕型，足以單人操作，不過這種單人弩砲仍須裝配複雜框架與絞盤，並固定在地上裝填操作。弩砲可依戰場需求使用不同類型的弩矢，就像之後的火砲可以配置不同類型的彈藥。

在羅馬共和到帝國早期，羅馬弩砲以強化木材與鐵板複合製作。西元二世紀，弩砲重新設計成更為沉重、以全金屬框架打造的新類型，可靠性與耐久度都得到改善，威力也提升了。更重要的是，少了原有的絞盤與扭力繩筒，讓瞄準視野沒有阻礙。這些全金屬打造的手弩留下部分零件

中世紀晚期馬匹牽引的弩砲，為騎砲兵（horse artillery）的前身。

成為考古證據，同時也有文獻描述。

砲兵支援

雖然羅馬弩砲是改良自希臘的原始設計，但羅馬人藉此規畫出全新的軍種，一種應用戰術已完全成熟的砲兵後援。砲兵後援從重型攻城器，一直到可在戰場移動的機動兵器以支援步兵，戰術搭配一應俱全。完整的各式尺寸弩砲，讓羅馬人開發出近似現代砲兵的戰術，從破壞性轟炸到牽制性火力壓制都能完成。例如，一支羅馬軍團可配置六十臺蠍式弩一同作戰，這些弩砲會安置在戰場周圍高地，就像拿破崙時代砲兵配置一樣。蠍式弩能提供持續的火力支援，1分鐘能投射高達280支弩矢，精確的射擊距離約可達100到400公尺間。

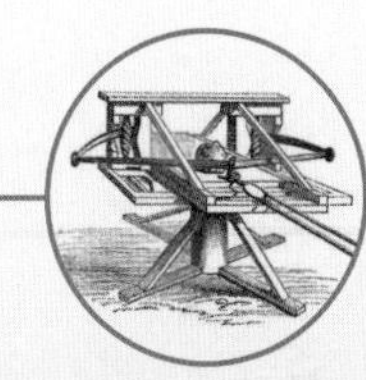

09

發明者

The ancient Iberians

古代伊比利人

羅馬短劍

Gladius

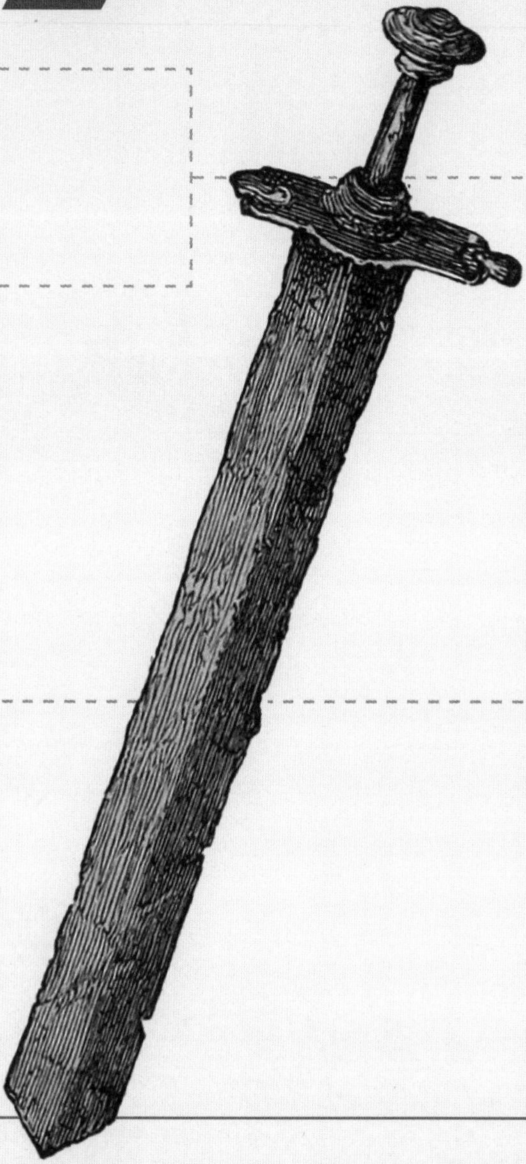

種類

刺擊武器

社會

政治

戰術

科技

西元前兩百年

羅馬短劍(Gladius，拉丁文意為劍)，有「征服世界的劍」之稱，是羅馬軍團最主要的殺戮兵器，或許也是史上致死人數最多的劍類武器。事實上，羅馬短劍不是一成不變的武器，在羅馬歷史中，它的形貌經歷了許多演化。整體而言，它相對輕便，並擁有寬而短的劍刃，主要進行戳刺類型的攻擊。

西班牙鋼

西元前兩百年左右，羅馬士兵將此劍選作兵器，羅馬短劍因此首度流行。因源自伊比利半島居民，當時它稱為西班牙短劍(Gladius Hispaniensis)。據羅馬人記載，羅馬士兵在布匿戰爭與西班牙部隊交戰時，對這種短劍印象深刻並納為己用。這種西班牙短劍擁有寬闊但平坦的刃面，以及長尖狀或長三角錐型的劍尖，劍刃長度在64到66公分之間，寬度則是4到5公分。

短劍的重量平衡於外型圓胖的劍首(握柄末端)，劍柄通常設計簡單，再搭配以獸骨或木頭製作的劍格(護手)。大而圓胖的劍首可以防止短劍因拉扯而脫手，特別是出手刺擊敵人並遇到對方掙扎時。羅馬短劍很適合用來刺穿敵人經常穿戴的輕型護甲，雖然比對手慣用的武器短了一些，卻也因此更輕巧、快速。同時便於刺擊而非砍劈的設計，讓使用更輕鬆省力，在對手因反覆攻擊而精力耗竭時，保有更多力氣。

這柄已經布滿蝕鏽的西元一世紀西班牙短劍，其劍刃、護手、劍柄與劍首等結構仍完整無缺。

理想的西班牙短劍用純伊比利鐵(Iberian iron)打造。傳說鐵匠為了測試新鑄短劍的品質，會固定劍首，將劍柄往劍尖方向彎曲直到碰到劍刃中段。優秀的短劍會在放手彈回後，依然保持劍身平直。短劍本身會配上劍鞘，劍鞘有時會以錫或銅等金屬刻板裝飾。

羅馬短劍的特徵是用途廣泛、設計平衡，以及滿足步兵全方位的需求。所有現代研究專家都公認它不只是優秀的刺擊武器，一旦經雙面開鋒，也能砍下對手的肢體與頭顱。不過，西元四世紀末期韋格提烏斯

（Flavius Vegetius Renatus）在著名的《羅馬軍制論》（*De Re Militari*）中寫道：「羅馬士兵多半被教導不要以劍斬切，而是刺擊。」

從美茵茨到龐貝

大約在奧古斯都大帝時期（西元一世紀），西班牙式羅馬短劍被新的設計淘汰，新式羅馬短劍稱為美茵茨（Mainz）短劍。其中最知名的是提庇留（Tiberius，羅馬帝國第二任皇帝）之劍，發現這柄短劍的美茵茨城則成為這類短劍的名稱，提庇留之劍現存於英國倫敦大英博物館，繁複的劍鞘裝飾顯示它應為一名軍官所有。美茵茨短劍比西班牙式短劍略短但更厚實，通常約50到60公分長，寬達5到6公分，有著曲線優雅的腰身，以及類似葉片的外型。另一種類似的設計稱為富勒姆（Fulham）短劍，於英國發現。它有與美茵茨短劍類似的腰身曲線，但線條沒有那麼滑順而稜角更多，或許表示製作者手藝不夠精良，或單純為了增加工作效率而簡化製造過程。

美茵茨與富勒姆短劍數十年後被龐貝（Pompeian）短劍取代。此劍因為在龐貝遺跡中大量發現而得名。傳說它的改良靈感源自於競技場鬥士的短劍。龐貝短劍更短了些，只有42到55公分，重量剛好略微超過1公斤。輕而短的龐貝短劍更容易快速揮舞，它同樣擁有平行的雙刃，但跟前輩比起來，錐型劍尖又再短了一些。

羅馬軍隊的劍類兵器不只有羅馬短劍。軍隊中在馬背上戰鬥的騎兵則使用一種更長的劍，稱為騎兵劍（Spatha）。到了西羅馬帝國時代，羅馬軍團兵制開始式微，越來越多「野蠻民族」成為羅馬軍隊的傭兵，而他們偏愛使用自己的民族兵器，連帶使羅馬短劍逐漸消失。在缺乏戰術、紀律，以及較少高強度的近身肉搏戰鬥的戰場上，這些蠻族兵器更有效率。到了西元三世紀，羅馬短劍幾乎把戰場地位完全讓給了騎兵劍。

大規模毀滅武器

羅馬短劍簡單的外型，以及廉價有機材料製成的劍柄、護手等，說明了羅馬短劍並非劍類武器工藝技術的代表，然而它實是完美的制式量產兵器。羅馬歷史中，任一時代的軍隊都需要約二十五萬套士兵裝備的供應，因此易於大量生產是重

羅馬人不只嘲笑以兩刃（砍劈）作戰的人，也發現這些人往往是能輕易戰勝的對手。

——弗萊維斯・韋格提烏斯・雷那特斯，《羅馬軍制論》1-12

要的優點。另外，羅馬戰術強調紀律與維持密集陣型，軍團裝甲步兵排成一列齊頭並進，在接敵前的一段距離投擲重標槍擾敵，最後在進入近戰時，以最快的速度拔劍投入戰鬥。羅馬短劍完美符合羅馬人的作戰方式。

腰帶或肩帶

多數慣用右手的劍士認為劍鞘配戴在左手邊比較易於拔劍。但這樣的佩戴方式容易讓羅馬士兵拔劍時誤傷左側鄰兵。現存羅馬軍隊的雕像顯示無論在腰帶或肩帶，羅馬短劍都安置於右手邊。不過，現今仍不清楚肩帶上的短劍，如何在拔劍時避免連帶將肩帶一起掀起。現代歷史重建研究者發現，在肩帶外加腰帶固定，就能順利以右手單手拔劍，這點對於左手能同時持盾顯得特別重要。

一名羅馬士兵手持重標槍，以過肩皮帶繫著一把入鞘的羅馬短劍。

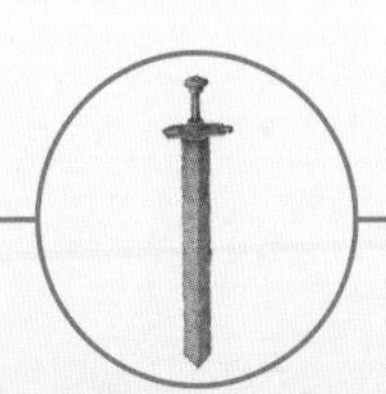

10

發明者

Southern Siberian horsemen

西伯利亞南部騎馬民族

馬蹬

Stirrups

社會

政治

戰術

科技

種類

作戰平臺

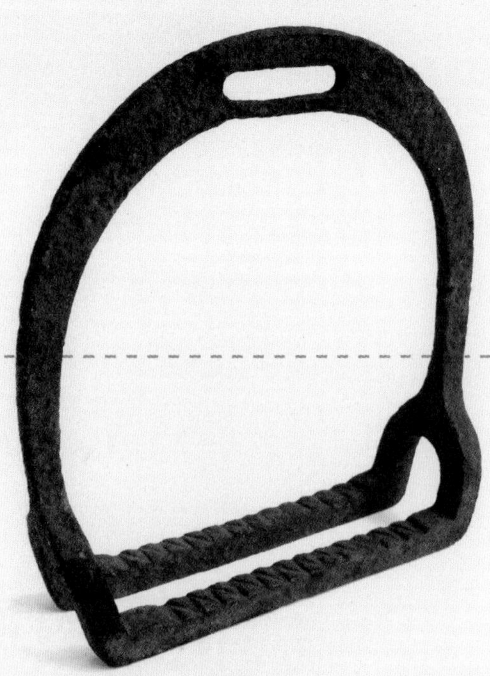

西元前一世紀

早在青銅器時代，馬與騎兵就已經對人類戰爭帶來巨大衝擊（第28頁）。然而在西方，古典希臘羅馬時代中的步兵仍穩占主導戰場的地位。羅馬人始終只把騎兵放在戰場的邊緣，將不重要的零碎戰鬥交給這種「次要輔助兵種」。到了中世紀，景況完然改變，騎士在接下來的數世紀裡搖身成為戰場的主角。

十九世紀是步兵與騎兵戰場地位全盤扭轉的開端。西元378年的阿德里安堡（Adrianople）戰役中，羅馬軍隊被哥德（Goths）騎兵完全打垮。這場災難性的慘敗，被當時的米蘭大主教聖安布羅斯（Saint Ambrose）描述為「善良人性的終點，世界的末日」。這場戰役造成約四萬名羅馬士兵慘遭屠殺，包括當時的東羅馬皇帝瓦倫斯（Valens）。戰役中羅馬軍隊側翼遭到東哥德（Ostrogoth）重騎兵的封鎖打擊而潰敗。羅馬史學家阿米亞努斯・馬塞林在十餘年後記載：「沒了，除了坎尼戰役以外，我們的紀年史就再沒有出現如此毀滅性的屠殺」。

馬背民族

到了二十世紀，不同的觀點開始浮現。羅馬人在阿德里安堡戰敗後，終於緩慢地開始支持騎兵發展，但真正取得主導地位的時間還要更遲些。西羅馬帝國瓦解後，歐洲權力分布被所謂的「野蠻人」掌握，多數主要是法蘭克人（Franks）。之後到了梅羅文加（Merovingian）及卡洛林（Carolingian）王朝晚期，法蘭克人積極爭取一統歐洲於自家旗幟下，開始與各方來襲的敵人作戰，包括自南方犯境的回教侵略者薩拉遜人（Saracens）、東方的游牧民族阿瓦爾人（Avars），以及由西方和北方海上來襲的維京人（Vikings）。在轉變的過程中，羅馬帝國晚期由中央集權轉型成封建制度，形成新的統治金字塔式社會結構，許多地方小領主授權統治各自區塊與當地居民，再對上層貴族效以忠誠。地方領主得到統治權的代價，就是當貴族需要時，能及時提供一支以裝甲騎士為主力且全副武裝的軍隊上陣。在當時人們眼中，騎士所向無敵，戰爭由這些馬背上的男人決定，而步兵則淪落為不受重視的陪襯。

這個相當不尋常的演變過程，牽涉社會、政治、經濟與軍事等社會全方面的轉變。而觸發的原因是什麼呢？根據1962年林恩・懷特（Lynn White）的代表著作《中世紀科技與社會變遷》（*Medieval Technology and Social Change*）中，認為扮演了誘發社會轉型的角色便是馬蹬，馬蹬以木頭、繩索或金屬製成，再從馬鞍向下由皮帶懸掛，用以擺放雙腳。最早的馬蹬在西元前一世紀於西伯利亞南部或印度發明，到了五至六世紀時傳入東方的中國與韓國，以及西方的阿瓦爾人。裝備了馬蹬的阿瓦爾戰士讓歐洲人印象深刻。七世紀早期的拜占庭軍爭教範書《戰略》（*Strategikon*）的作者誇大地描述：「他們是在馬背上長大的民族，缺乏足夠的運動量，以至無法靠兩條腿步行」。不過，依據懷特的考證，馬蹬一直到了九世紀才傳入歐洲。當它抵達之後，很快便促成歐洲社會轉型。

新震憾

懷特寫道：「很少發明像馬蹬一般簡單，卻能觸發巨大的歷史影響」，並以此為出發撰寫了一篇影響深遠又富爭議的論文，文章中連結了「馬蹬、騎兵作戰、封建制度以及騎士精神」。他提到，「早在千年以前，我們就已經認識馬背上的男人，但是馬蹬才真正讓人馬合而為一，成為單一戰鬥個體」。懷特堅持馬蹬讓馬背戰士得以發展出新穎且無可匹敵的戰鬥方式，即所謂的「騎兵衝擊戰術」（Mounted shock combat），騎士以端平長槍的方式進行衝鋒，以幾乎無法阻擋的衝力撞擊對手，騎士本人則撐住身子穩坐馬鞍。

馬蹬讓裝甲騎兵成為優勢的戰力，但也帶來社經層面的影響與昂貴代價。由於大型戰馬與重甲武器極為昂貴，使得中央政府（例如國王與其宮廷勢力）難以負擔全國裝備費用。因此，轉而讓騎士一肩扛下自己的裝備購置與維護責任。另一方面，騎士可被授予土地與領民作為補償，以收取貢稅維持戰力。馬蹬普及化帶來了封建制度，形成一個自給自足的社經系統，懷特寫道：「這些新戰爭模式所需的必要條件，也是讓新戰爭模式變成可能的要素。新形態的西歐社會，被得到土地的貴族精英戰士主導，他們以新穎且高度專精的方式作戰。」

馬蹬論戰

但是，這篇技術決定導向的論文招來了壓倒性的批評。其中最苛刻的評論之一，來自柏納德・巴赫拉赫（Bernard

聖波爾（Saint-Pol）伯爵踏著馬蹬，直起身來，一手抽劍，傾身向前衝去，氣勢之猛，憑著這過人的英勇就將敵人陣型衝破迸散。

——威廉・布雷頓（William the Breton），記述布汶（Bouvines）戰役，西元1214年。

Bachrach)。他質疑許多考古證據並沒有顯示「馬蹬在騎馬民族之間非常普及，或是協助發展出騎兵衝擊戰術」。他聲稱，至少在馬蹬傳入歐洲最初的兩個世紀中，還不具備軍事重要性。在約翰・斯隆（John Sloan）教授於〈馬蹬論爭〉（The Stirrup Controversy）文章中，提到了對懷特的看法：「著重於科技卻沒有考慮到更基礎的面相，即促成科技演變基於社會的各個軍事體系（軍隊結構）與社會政治體系的交互關係。」

另外，懷特認為是阿瓦爾人將馬蹬與「衝擊戰術」引入歐洲，批評者表示其實早在封建制度出現前，它們就已經進入歐洲；反觀馬鞍，其也是水平端槍衝擊戰術的關鍵裝備；還有同樣利用馬蹬建立重騎兵軍隊的其他國家，如拜占庭與阿拉伯人，卻沒有發展成封建社會。

今日，馬蹬已公認是重騎兵與相關戰術發展成熟的關鍵裝備，但是將它與重騎兵、騎兵衝擊戰術發展的關聯，過度延伸到封建制度的建立，則是太過簡化的看法。西元1924年，重量級軍事歷史學者查爾斯・歐曼爵士（Sir Charles Oman）的《中世紀戰爭藝術史》（*A history of the Art of War in the Middle Ages*）提到：「法蘭克人在梅羅文加到卡洛林王朝期間的發展趨勢很簡單，即從一般徵召兵演變到家臣親兵。一支規模不大、裝備精良，部分（甚至全部）由騎兵組成的隨扈親兵，遠勝過大批皇廷徵召的一般民兵」。換句話說，王國中的社會安全與控制力之降低，是封建騎士體系發展與成熟的主要趨動力。

馬蹬在科技與軍事史扮演的角色以及帶來的衝擊，究竟扮演何種重要角色，一直受到廣泛爭論。約翰・斯隆問道：「有誰可以想像，如果凱撒與他的羅馬軍隊遇上查理曼大帝（Charlemagne）、黑色富爾克（Fulk the Black，譯注：中世紀法國安茹伯爵，以傑出的騎兵戰術聞名）或是征服者威廉（William the Conqueror，譯注：擊敗英格蘭的諾曼地公爵威廉一世），那麼在高盧列陣對戰時，或許馬蹬的存在會讓凱薩無法如史實一樣快速打敗那些塞爾特人（Celts）」。言下之意，無非敘述龐大的社會經濟結構才是軍事強大的決定因素：組織完善、團結且紀律嚴整的軍隊，加上經濟力量強大的國家，總能戰勝社經環境相對混亂的政體，無論軍事裝備優劣與否或是否騎馬作戰。最終驅動科技發展的，還是社會經濟系統。

發明者

Kallinikos

加利尼科斯

希臘火
Greek Fire

種類

易燃液體

社會

政治

戰術

科技

西元678年

希臘火是軍事史中最神秘的傳說之一。這是一種帶來深切恐懼的武器，不僅改變了人類歷史走向，製作秘方更已失傳。希臘火與現代的燃燒彈類似，它們都是以各種特殊原料製成的可燃混合物，可黏著於目標並持續燃燒，幾乎無法撲滅，同時散布恐懼與混亂。

燃起火燄

中世紀時，希臘火還稱為波斯火或液體火等，都用來指擁有燃燒效果的武器。正牌的希臘火是拜占庭帝國的獨門秘方，配方發明於西元七世紀，但起源可追溯到更古老的時代。早在亞述人時代的浮雕上，就已經出現液態燃燒劑，其他簡單縱火器具，如滾油罐與可燃揮發油劑（天然的瀝青或石油）等的使用記錄，更可以推至聖經年代，以及後來的希臘羅馬人。

拜占庭人在發明希臘火之前，已經開始使用類似的武器。西元570年由約翰・馬拉拉斯所著的《馬拉拉斯編年史》（*The Chronicle of John Malalas*）記載了某次使用希臘火的過程。當時安納斯塔修斯（Anastasios）皇帝於西元516年，努力鎮壓色雷斯（Thracian）維塔利安（Vitalian）將軍的叛變，並向當時著名的雅典哲學家普羅克洛斯（Proclus of Athens）求教。普羅克洛斯向皇帝的顧問，敘利亞的瑪里諾（Marinus the Syrian）說：

「拿著這個對付維塔利安吧」。這位哲學家喚人拿了一大批磨成細粉的純硫礦進來。他囑咐瑪里諾，「不管你把它們扔在建築或船隻上，一旦照到陽光，建築或船隻就會立刻燃起，並在火燄中燒毀」。……維塔利安準備攻擊君士坦丁堡，自信滿滿地認為自己即將征服此地，並打垮膽敢與他作對的瑪里諾。

瑪里諾把硫磺粉分送下去，告訴士兵與水手：「不需要使用武器，只要把這些東西灑到殺過來的船隻，它們就會燒起來」。……維塔利安軍隊中的所有船隻都燒了起來，火光閃爍地沉入博斯普魯斯（Bosphorus）海中，船上的哥德人、匈人（Hunnish）、塞西亞人（Scythian）也一起隨船沒入海底。

勝利的滋味

一個半世紀後，拜占庭帝國迎來最嚴峻的威脅——伊斯蘭文化初期的阿拉伯大擴張。當時奧瑪亞哈里發（Ummayad

希臘火，海戰中還有什麼比它更危險、更殘酷的武器？

——海倫・尼古爾森（Helen J. Nicholson）編譯，《第三次十字軍東征編年史：理查國王朝聖行記》，西元1190年。

正在攻城飛橋上操作的單人手持希臘火噴射器（虹吸器），繪於拜占庭的攻城手冊。

caliphate）的征服之旅來到了君士坦丁堡大門外，但這座擁有海洋為拱衛的強大城塞幾乎不可能攻陷。西元672到678年之間，奧瑪亞不斷投入軍隊與艦隊圍攻君士坦丁堡，但是無論陸地或海上，他們都遇上一種新型神祕武器，自敘利亞前來避難的基督徒工程師加利尼科斯，為皇帝康士坦丁・博格納圖斯（Constantine Pogonatus）所研發製成。

原料配方只是希臘火強大威力的部分要素，另一項關鍵是能噴射希臘火的技術。康士坦丁擁有帆船艦隊，配備了幫浦動力的噴灑裝置，稱為虹吸器（Siphons）。裝置可能還有設計可加熱希臘火的爐體，再透過幫浦，經由銅製龍頭或獅頭造型的噴嘴噴出，噴嘴還加裝點火器點燃加熱過的希臘火混合物。

因此，希臘火其實是一種改良的火燄投射系統。之後也有個人可攜帶的改良投射器，稱為手持虹吸器（cheirosiphons），兩種武器一同讓阿拉伯艦隊與地面部隊嘗到災難般的打擊。久攻不下的阿拉伯人被迫在西元678年撤軍，雖然又在其後捲土重來，卻仍在西元717年再嘗敗蹟。兩場勝利的部分功勞都要歸於希臘火。君士坦丁堡的守城戰役，被廣泛認為是世界歷史最關鍵的戰爭之一。那時的歐洲諸國政治環境混亂且國力衰弱，在穆斯林侵略者面前不過是一群如同已經到口的獵物，就像那時西班牙眼中的北非。拜占庭則是地中海地區唯一組織健全的國家，一旦被擊倒，那麼由巴爾幹半島一直到中歐的廣大地區，將敞開大門地曝露在阿拉伯大軍眼前。幸虧君士坦丁堡又屹立了七百五十年之久，讓歐洲得到珍貴的喘息時間，發展出足以保護自己的強大國家。

神秘配方

希臘火的配方受到嚴密保護，但至今已然失傳。不過大體上可推知它是硫磺、瀝青、硝石、原油、生石灰等材料混合而成，其中還可能包括鎂，即現代燃燒武器的主要成分之一。鎂是一種具有高度活性的金屬，可在水中產生爆炸燃燒。而在水中爆燃的特性是希臘火的特殊功能之一，讓希臘火成為令人恐懼的武器。

消逝的火燄

希臘火是帝國的最高機密。拜占庭帝王康士坦丁七世波菲洛吉尼圖斯（Constantine VII Porphrogenitus）在十世紀中葉寫給兒子的書信中，強調即使是盟國也不能透露此機密，這也許是導致它最後失傳的原因。到了西元1204年，拜占庭帝國已經無法使用這套威力強大的武器系統與相關技術。

然而，薩拉遜人此時學會使用類似的燃燒武器，以對付十字軍。西元1190年的《第三次十字軍東征編年史：理查國王朝聖行記》（*The chronicle of the Third Crusade: The Itinerarium Peregrinorum et Gesta Regis Ricardi*）描述當時達米艾塔（Damietta）的薩拉森人如何因風向逆轉，被自己施放的火燄吞沒，同時記下如何滅火：「這種火無法以水澆熄，但可用沙子蓋熄，用醋澆灌則可以控制火勢」。尚・德・儒安維爾（Jean de Joinville）在他所著的第七次十字軍東征編年史中，描述西元1250年阿爾・曼蘇拉（Al Mansurch）戰役時，薩拉森人使用巨型弩砲投射裝填了希臘火的彈藥：「像是一個大桶子拖著一條大型長矛狀的尾巴，隨著如同大作的雷聲，像一頭巨大而憤怒的火龍飛越天際，鮮明耀眼的光亮，將我們的營地照得一清二楚，宛如白晝」。然而，隨著更適合裝置於船隻的遠距離加農炮等火藥出現，船隻不再需要近身作戰，希臘火便失去了存在空間，最終成為過時的武器。

中世紀大型投石器將一桶希臘火扔進要塞。

12

發明者

European swordsmiths

歐洲製劍工匠

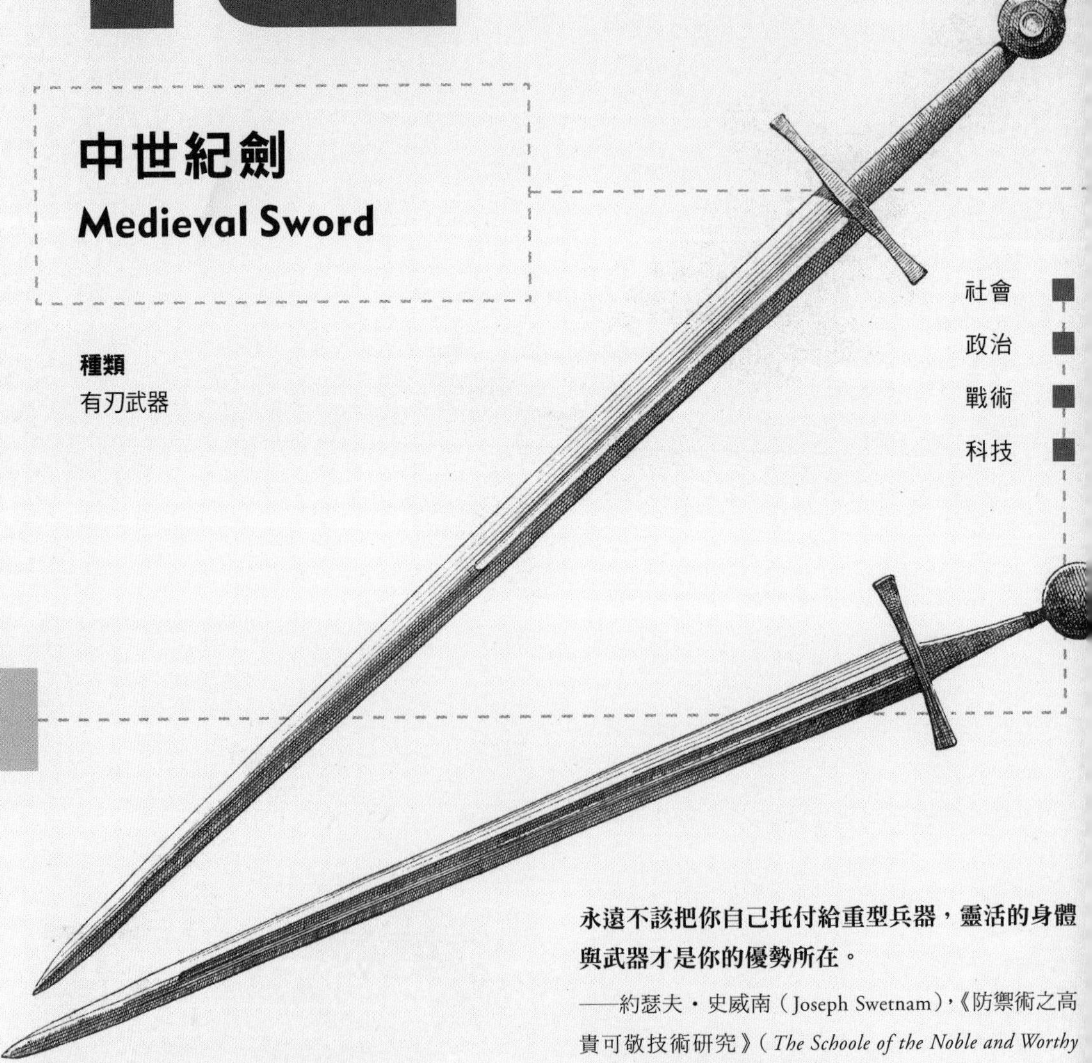

中世紀劍
Medieval Sword

種類

有刃武器

社會
政治
戰術
科技

永遠不該把你自己托付給重型兵器，靈活的身體與武器才是你的優勢所在。

——約瑟夫・史威南（Joseph Swetnam），《防禦術之高貴可敬技術研究》（*The Schoole of the Noble and Worthy Science of Defence*, 1617）

西元1000–1600年

歐洲中世紀時期發展出各式令人眼花撩亂的劍類武器，從維京式的單手劍，到十六世紀瑞士雙酬武士（Doppelsöldner）手中長達1.8公尺的德式雙手劍（Zweihänder）。不過這時期的典型通用劍是直刃雙邊開鋒，長度略超過89公分的長劍（longsword），重量範圍在0.9到2公斤。這種長劍可以單手或雙手握持，有時也稱為「一手半劍」（hand-and-a-half）。

隨身配劍

長劍（德文langes Schwert，義大利文spadone）是一種普遍常見的隨身武器，也是騎士腰間配劍的通稱。這種隨身配劍的設計是相對較短的單手開鋒兵器，主要用來斬切鎖子甲或更簡單的護甲。因為尺寸較小，所以使用者可以同時持盾，通常是小型圓盾（buckler）。隨身配劍衍生自維京人與諾曼人的常用劍，它通常具有典型的十字型護手（cruciform hilt），以及寬而薄的劍刃，開鋒處如鑿子形，劍刃橫剖面呈扁平或帶有凹槽的六角形。

隨身配劍在西元1000到1350年間流行，混雜在當代眾多兵器甲冑中。為了與十字弓、長弓以及長柄武器對抗，甲冑也隨之進化，讓板甲（Plate armor）逐步取代了鎖子甲。到了十五世紀晚期，騎士已能取得全身板甲，沒有明顯的接縫弱點。護甲的演變也讓劍的設計改變，長度與重量皆增加（一般謠傳認為此時的劍難以握持且過度沉重）。雖然可在多種情況應用，但攻擊方式仍以刺擊為主。

劍藝

長劍者的刺擊目標是板甲的間隙，間隙可以從先前的搏鬥推撞產生。而長劍的戰鬥技藝，也逐步發展成複雜而精巧的武術，像是十四世紀德國劍術大師，強納森・理查特納爾（Johannes Liechtenauer）建立的「劍擊藝術」（Kunst des Fechtens）。理查特納爾為了保護自己的劍技，將劍術轉化為一系列密碼劍訣，但他的弟子仍將此劍技流傳發展，最後形成一套保存良好的劍術傳統。此劍術的核心在於四種姿勢，所有的攻擊與防禦動作都是自這四種姿勢發動，分別是犁位（Pflug）、牛位（Ochs）、高頂位（Vom Tag）、愚弄位（Alber）。

例如，採愚弄位時，將劍尖指向地面並曝露自己的正面，誘使對手發動攻擊；犁位時握劍手與腰齊平，劍尖指向對手眼睛。透過動作劍士可以連續發動防禦性的格擋或攻擊。另外，理查特納爾也定義了三種傷勢（drei wünder）：砍劈、刺擊以及切。

劍的各個部位都能使用。例如，十字型護手可以卡住對手的劍刃，進而將對手拖近身邊，或是推擠使其失去平衡。劍士也可以用手掌抵住柄頭加強推刺的力道，甚至在貼身肉搏時握住劍身中段以利運劍，稱為半劍（Halbschwert）。

十五世紀劍術教課本的插圖，描繪兩種長劍戰鬥動作（犁位與牛位）。

一種劍，多種名

中世紀到文藝復興早期的各式劍器十分複雜而容易混淆，現代許多常用的名稱其實是後世添補。例如，闊劍（boardsword）一詞現在常用來概述所有中世紀的劍類武器，但歷史上從未出現過此稱呼。闊劍在十八、十九世紀出現，為了相對於當時流行的細劍，突顯這種中世紀

十六世紀全副武裝的傭兵，其配劍便是護手上方裝有第二握柄的雙手劍。

較寬大的劍型。雙手劍的Zweihänder也是比較現代的用法，相同的兵器在中世紀常稱為雙手劍（Doppelhänder）、共手劍（Bidenhänder）、屠夫劍（Slaughter-swords）或戰劍（Schlachterschwerter）等。

大劍

西元十六、十七世紀是步兵用劍在戰場最後一次大放異彩的時代（對騎兵與決鬥者來說，劍的重要性仍維持至十九世紀末期）。長劍在此時演化成貨真價實的大型兵器，常稱為大劍、雙手劍或完全雙手劍等。這種劍的劍刃長度十分驚人，必須雙手同時握持，有些甚至還需要設計第二握把（ricasso），第二握把的刃部並未開鋒，下方護手會設計成向劍尖勾起，稱為格擋勾（parrying hooks）。雙手大劍的演化動力，一開始或許是為了重創板甲，但實驗證明這是不可能的任務。

即使雙手劍外型龐大，以及狀似沉重不堪，但其實並不很重。倫敦一家以收藏武器與盔甲護具聞名的華萊士收藏館（Wallace Collection）前館長與現任管理委員，大衛・艾吉（David Edge）解釋道：「當時的武器實際上遠比大多數人想像的輕巧。例如，一把中世紀晚期十字護手型長劍平均來說大約才1.4公斤，而傭兵（landsknecht）使用的雙手劍則是3到4公斤，以上為館中所收藏的兩個例子。遊行展示用劍的確比較重些，但很少超過4.5公斤」。讓劍盡可能輕盈是根據簡單的物理原則，即古典力學方程式：動能等於物體質

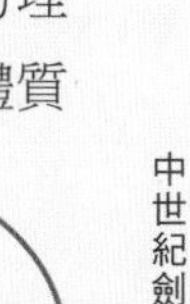

西元1495年，福諾伕戰役的刻版畫。可見長槍方陣為瑞士雙酬武士與其雙手大劍的攻擊目標。

無論如何，要能有效使用一把長達1.8公尺的巨劍，純熟的技術與驚人的力量缺一不可。瑞士與德國的雙手劍通常由最高大的士兵使用，他們也被稱為雙酬武士，領取一般士兵的兩倍薪水。這些士兵的主要任務不是與騎士一對一格鬥（雖然令人驚訝的是，他們有時候也會在單挑中出現），而是使用大劍撥開長槍林立的方陣，甚至砍斷方陣的長槍與戟，再砍劈持槍的士兵，以利後方部隊突破長槍方陣。例如，十六世紀早期義大利人道主義史學家保盧斯・約維烏斯（Paulus Jovius）曾描述西元1495年的福諾伕（Fornovo）戰役中，瑞士士兵以雙手大劍劈斷長槍柄。

量的一半再乘上速度的平方（$E = 1/2\ M \times V^2$）。根據古典力學方程式，兩倍重的劍可以增加一倍力道，但兩倍的速度卻可以增加四倍力道，越輕的劍可以揮舞得越快，威力也就可比重劍更強。

長劍

[A] 柄底
[B] 握柄
[C] 十字護手
[D] 劍柄
[E] 強劍部
[F] 短鋒
[G] 長鋒
[H] 弱劍部
[I] 劍尖
[J] 劍刃

劍柄(hilt)包括了柄底(pommel,設計成大型球狀可協助平衡)、握柄(grip)與十字護手(cross-guard)。劍刃(blade)則從中間分成上、下兩部分,靠近護手的下半部稱為強劍部(strong half),上半部則稱為弱劍部(weak half),名稱來自於當劍刃互相格檔時,槓桿施力的大小差異。如果以弱劍部格檔,施力較難而容易被推開,但弱劍部的機動性強、移動速度高。劍刃又可根據握持的方向,分為靠近持劍手第二指節的長鋒(long edge),以及靠近前臂的短鋒(short edge)。

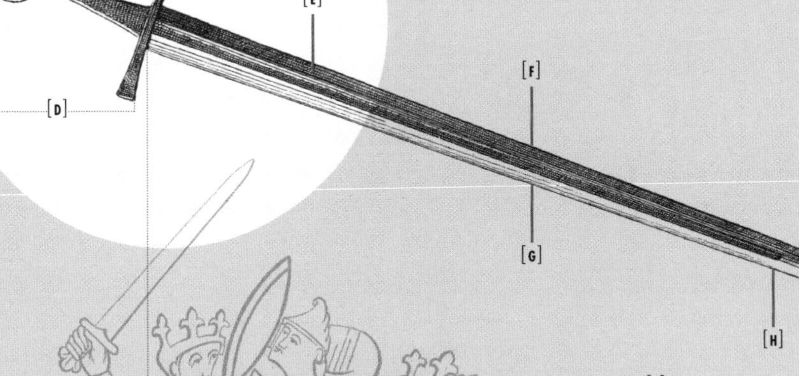

重點特徵

鋒刃

長劍的劍鋒是關鍵殺傷部位,但劍鋒禁不起敲砸類的打擊,因此格擋時應盡可能使用劍刃的扁平面,不然劍刃就會變成十五世紀西班牙騎士唐・皮洛・尼諾(Don Pero Nino)所說的:「像鋸子一樣布滿巨大齒痕」。

13

發明者

The ancient Chinese

古代中國人

配重投石器

Counterweight Trebuchet

社會

政治

戰術

科技

種類

重型砲

西元 1097 年前

配重投石器是投石器的一種，利用簡單的槓桿原理，讓長臂其中一端落下的同時另一端翹起，連帶把裝填的彈藥拋射出去。然而，這個看似簡單的原理背後，藏著工程學的天才巧思，讓這項武器不僅擁有遠距離的拋射能力，還能帶來毀滅性的傷害。投石器歷史學者保羅．齊夫登（Paul Chevedden）描述：「配重投石器是軍用機械發展的顛峰」，其他歷史學者也認為配重投石器促成了民族國家形成、鐘錶工藝的成形，更開啟了理論機械學的革命。

牽引式、混合式、配重式

投石器有三種設計：牽引式、混合式與配重式。三種設計十分相近，都有一根安裝在框架上的長臂，其轉軸靠近基座，長臂末端裝有杯狀結構或投石索以便裝放石頭。在牽引式的設計中，得靠人力或獸力拖拉臂桿的短臂；混合式則在短臂再加裝重物，以利人力或獸力拖拉。配重式投石機則是利用地心引力。當裝有投擲物的長臂向下拉時，裝有配重物的短臂會被拉離地表，一旦鬆開長臂端，配重物就會落下，同時拋射出投擲物。發展完善的配重投石機短臂末端裝有籃子，塞滿了泥土與石頭。維拉德．德．奧內庫爾（Villard de Honnecourt, 1230）便描繪了配重投石機，並記錄配重箱的尺寸，約18立分公尺，足以承重30公噸。這種投石器可以將100公斤的石頭拋射到400公尺外，或將200公斤的石頭拋射160公尺遠。最大型的投石器，甚至可拋擲約1,500公斤的石頭。

旋風與驢子

投石器的英文名詞來自中世紀的法文trebucher，意指「滾倒」或「落下」。而最早發明出投石器的是西元前400年的中國人。中國軍事典籍《武經總要》描述多種投石器，從兩人就能操作、可以快速發射彈藥的小型牽引式投石器；到需要250人牽引、可將60公斤石彈投射超過75公尺的大型投石器：旋風砲。這些牽引式投石器的發射速度快得讓人驚嘆。接著，這項技術從中國傳到阿拉伯，隨後進入拜占庭，最後經由一位名為包薩斯（Bousas）的工程師傳出，他在阿瓦爾一斯拉夫人（Avaro-Slavs）入侵巴爾幹半島時遭到俘虜。改良後的混合式投石器可以拋擲更重的石頭，拋擲距離也更遠。西元960到961年的伊拉克利翁（Heraklion，譯注：位於今日的克里特島）攻城戰中，拜占庭投石器還曾將一隻重量超過200公斤的驢子拋過城牆。

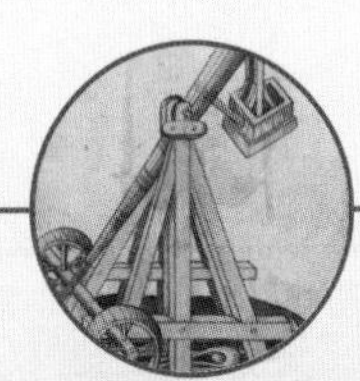

地震之女

配重投石機的出現是投石機設計的重要里程碑。它最初的發源地一直有所爭議，但很有可能在西元1097年前便出現，由拜占庭的帝王艾歷克修斯一世（Alexios I Komnenos）發明，在第一次十字軍東征時，他提供法蘭克人這項武器擊敗薩拉遜人強大的要塞。他的女兒安娜・科穆寧娜（Anna Komnene）所撰寫的編年史中，記錄了西元1097年的尼西亞（Nicaea）攻城戰，以及帝王在此戰中建造一臺大型的投石器，稱為「破城者」（helepoleis，第34頁）：「它的外型與其他傳統的投石並無明顯差異，但其中包含了帝王親自設計且驚豔眾人的巧思。」

第三次十字軍東征時，亞克（Acre）攻城戰中一臺投石器正在進行攻擊。

十字軍很有可能戴著這項發明一併橫跨了歐洲。一份目擊報告指出，西元1185年諾曼人在攻打帖撒羅尼迦（Thessalonike）時也使用了「新發明的重型砲械」，包括一臺名為「地震之女」（The Daughter of the Earthquake）的巨大投石器。到了西元1199年，一臺配重式投石器出現在義大利北部波卡迪達新堡（Castelnuovo Bocca d’Adda）攻城戰上，這是配重式投石器在歐洲歷史第一次確實的紀錄。到了第二次十字軍東征，投石器廣泛地在戰場上散布恐懼與畏怖。投石器結合了快速開火與破壞力強大的特點，且建造成本相對而言並不昂貴。

雖然建造大型投石器仍是一項大工程，例如愛德華一世（Edward I）在十四世紀與蘇格蘭的戰爭，便用上五十四名工匠與三個月的時間，才完成一臺名為「戰狼」（Warwolf）的大型投石器。投石器一直是攻城戰的關鍵角色，直到攻城加農炮出現，才連帶將其他前火藥時代的攻城器械一併淘汰。

次日，他們再度推出投石器，上面蓋著新鮮的獸皮與木板，並推到城下，把整山整丘的石頭朝我們扔來。人們會如何稱呼這些巨大的石頭呢？

——帖撒羅尼迦大主教約翰一世（John I），《聖德米特里的奇蹟》（*Miracles of St. Demetrius,* 615）

配重投石器

配重投石器的設計不只增加拋射石頭的力道，同時也增加拋擲臂下方的空間，這個投射線正下方的空間可以加裝溝槽或跑道，盡可能地增長投石索，因此也增加了射程。

[A] 旋擺配重箱
[B] 投石索
[C] 投擲臂
[D] 框架

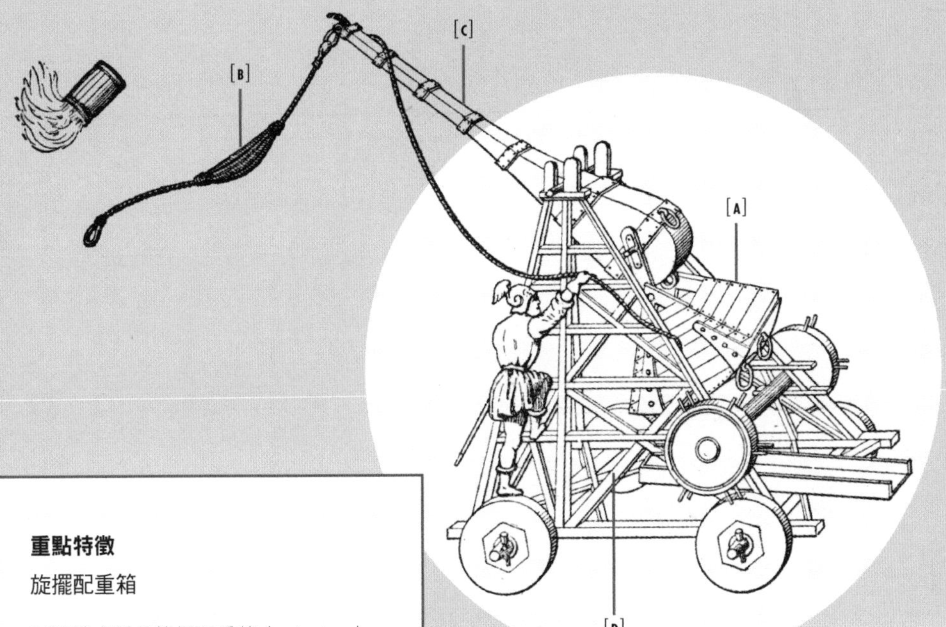

重點特徵

旋擺配重箱

以活動式懸吊搖擺配重箱（swinging box counterweight）取代原本的固定配重箱，可用調整配重重量改變射程，藉此提升拋射精確度。提爾的威廉（William of Tyre，譯注：耶路撒冷王國提爾大主教，也是著名史學家）曾記載西元1124年第二次提爾攻城戰時，亞美尼亞（Armenian）的砲術專家哈維狄克（Havedic）展示了駕馭這些器械的高超技術，將巨大石彈投射到任何他指定的攻擊目標，並將之摧毀，沒有一點困難。

14

發明者

The ancient Chinese

古代中國人

中世紀弩弓
Medieval Crossbow

種類

投射武器

社會

政治

戰術

科技

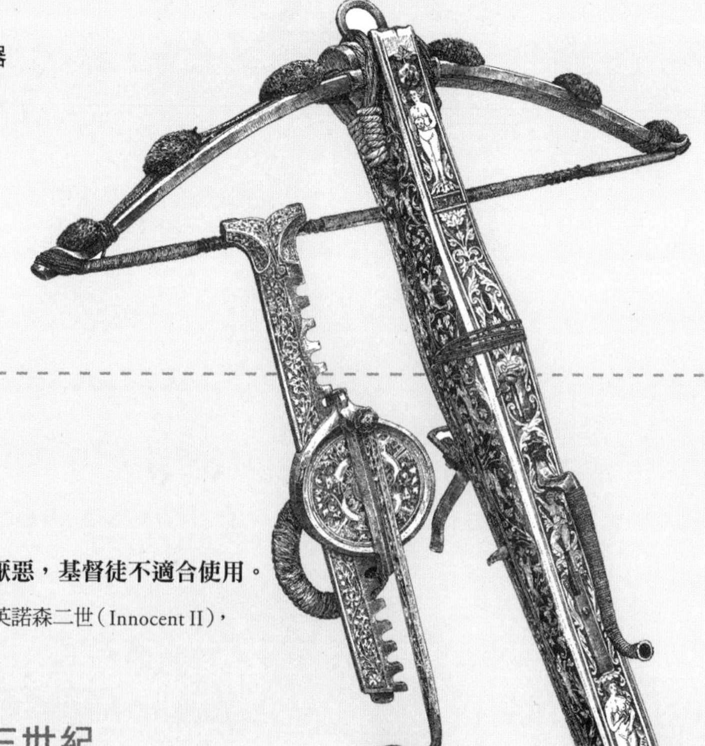

弩弓為神所厭惡，基督徒不適合使用。

——羅馬教宗英諾森二世（Innocent II），西元1139年。

西元十三世紀

早在西元前六世紀左右，弩弓便在中國發明，並傳到希臘羅馬成為早期弩砲的原型，但一直要到歐洲中世紀時代，弩弓才發展到巔峰。大約十世紀時，弩弓傳入歐洲，它容易操作，構造簡單。弩箭安裝在拉開的弓弦上，並以弦枕（nut）扣住，在恰當時間只要一扣板機，便釋放弓弦，射出弩箭。弩弓可以發射威力強大的彈藥，地位近似於後世的槍械。

拉弩張弦

弓的原理是將儲存在弓體的能量傳遞到投射物上，而能量的轉化效率受到許多因素影響，如弓弦與箭的重量等。弩弓有相對較沉重的弩矢，以及特別笨重的弓弦（為了承受弩弓產生的巨大拉力），因此能量轉化為弩矢速度的效率並不理想。為了提升弩矢速度，便不斷地增加弓體的拉力，例如使用複合材料，之後更換成鋼材。這就讓弩弓擁有毀滅性的強大拉力，遠遠超過長弓。早期的弩弓拉力約為68公斤，有效射程不超過64公尺，但到了十五世紀，以齒輪絞張弓弦的齒輪式弩弓（Cranequin）出現，拉力進一步達到180公斤，拉力超過最強韌長弓的兩倍。而以絞盤張弦的大型牆座固定式弩弓，更可以達到544公斤的拉力，射程遠及420公尺。為了產生如此巨大的拉力，張開弓弦也因此成為一件相當艱困的工作。古希臘人描述的「腹弓」，便是將弩尾抵住或鉤在肚子或腰帶上，或許張開弓弦時還需要用腳固定弩身，弩弓手甚至還得躺在地上操作。部分中世紀早期的十字弓會在弩頭安裝踏環（趾環或足環），也被稱為「爪」，這種構造很快地設計出可以勾住弓弦的腰環，形成「腰爪系統」（Belt and Claw system），讓弩弓手只要簡單直起腰就能張好弦。這種裝置流行了好一陣子，直到弩的拉力一路增加到必須依靠機械設備協助張弦，包括俗稱「山羊腳」的齒輪絞盤設計，常用在安裝於牆座的大型弩弓。這類裝備的好處是使用者只需要以手臂的力量就能張弦，特別是騎兵可以不必下馬，直接在馬背便可張好弩弓。

一把弩弓通常有以下構造：以正確的角度安裝在棍棒或柄上（通常以木頭製成，有時則是金屬）的短弓；用來扣住張開弓弦的弦枕（可用獸骨或象牙製作）；弩矢則安裝在柄部的溝槽；弓弦以堅固的繩索絞扭製成，材料通常是麻繩；而弓臂可使用木頭、

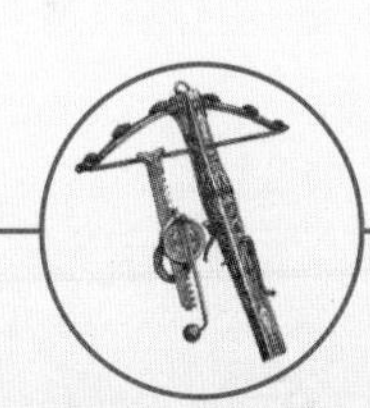

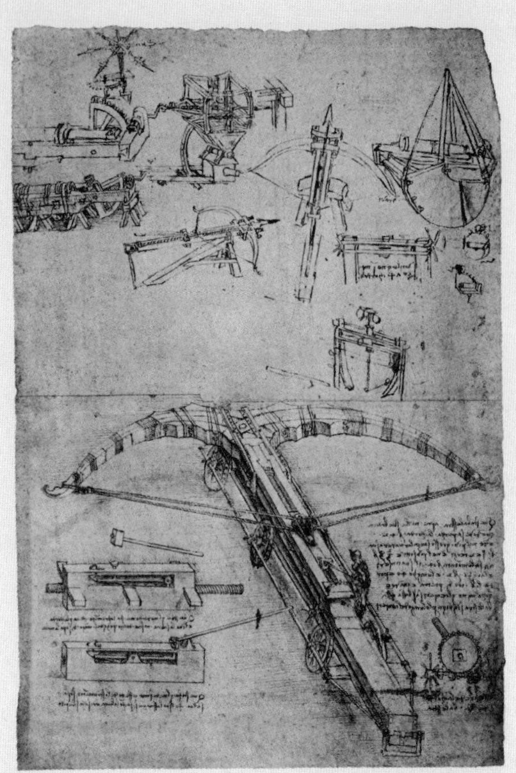

李奧納多・達文西（Leonardo da Vinci）筆記簿中的巨型弩弓素描圖，被認為主要是心理戰兵器，用來震攝敵人部隊。

獸角或鯨骨製成，再黏上紫杉木與動物肌腱（鋼製弓臂出現在十四世紀）。

在中世紀時期，弩弓的最大競爭對手便是長弓（第66頁），而兩者的優缺點剛好可以互補。長弓的發射速度遠遠超過弩弓，讓英國長弓手在西元1346年的克雷西（Crecy）戰役中，成功擊敗熱那亞（Genoese）弩弓手。戰場上的弩弓手往往會攜帶一面大盾（Pavises）掩護，可以在重新安裝弩矢的脆弱時刻，提供必要保護，但也同時降低了機動性。另一方面，弩弓可以事先裝好等待適當時機發射，且弩弓手所需的操作空間也比較小，因此相對於空曠的戰場，它們更適合在攻城戰中使用。

強弩當前，人人平等

相對於需要多年苦練才能專精的長弓，一般士兵只要接受一週的訓練就能精熟於弩弓操作，這或許也是弩弓最大優勢。再加上弩弓的強大穿甲力，使得戰場的眾人開始趨近平等。一記普通人發出的弩矢，可能瞬間撂倒領主，無論領主身穿多麼昂貴的盔甲、戰技多麼高超。弩弓可說是民主兵器，這樣的武器也激起了上層階級的恐懼與嫌惡。

為了對抗弩弓恐怖的穿甲能力，騎士換上更厚重的盔甲，原本的鎖子甲升級成全套板甲。但是，即使最堅固的板甲也無法阻擋鋼製弩弓的箭矢，這時代的弩弓實在太有效了。例如，西元1217年英國林肯（Lincoln）戰役中，便下令弩弓手射擊馬匹，放過騎士，因為被俘的騎士能換來贖金，比屍首更值錢。但部分地位尊貴的貴族仍死在弩矢之下，比如英格蘭國王「獅心王」理查一世，便在西元1199年的查路斯－查布爾（Chalus-Chabrol）攻城戰中受弩矢所傷，最後死於傷口感染。有趣的是，理查一世並非第一位死於弩矢的英國國王，在他之前尚有死於狩獵意外的威廉二世魯弗斯（William II Rufus）。一旦弩弓手落在敵方騎士手中，往往遭受殘酷對待，不是酷刑至殘，就是處以死刑。

招神厭惡

弩弓招惹厭惡的程度之廣，讓天主教廷在西元1139年試圖禁止基督徒彼此使用弩弓作戰。羅馬教宗英諾森二世公開指責弩弓：「弩弓為神所厭惡，基督徒不適合使用」。西元1215年，英國〈大憲章〉（the English Magna Carta）便加入一條承諾：「回復和平之時，王國將會驅逐所有外地人……與弩弓手」。不過，簽了字的約翰國王在一年後便背棄這條承諾，他雇用了一支外國弩弓手連隊。

自西元1370年到火鎗開始普及的1470年之間，鋼製弩弓是最具威力的單人武器。雖然在火槍普及後，弩弓逐漸被取代，但它仍在戰場扮演步兵與騎兵間相互制衡的重要角色。另一方面，弩弓安靜無聲且能較不受潮濕影響的特性，也讓它在狩獵行動依然略勝火槍。因此，即使退出戰場，弩弓還是在獵場流行了一段時間，目前多數現存的古代弩弓多半是狩獵用弩。在中國，弩弓一直使用持續到現代。中國式的連弩又稱諸葛弩，弩矢裝在木頭彈匣中，然後安置在弩柄上方，拉開特製桿槓就將弩矢落下以裝填。歷史記載中國使用弩弓的時間可能從西元二世紀開始，一直到近代，包括西元1894年到1895年的中日戰爭。

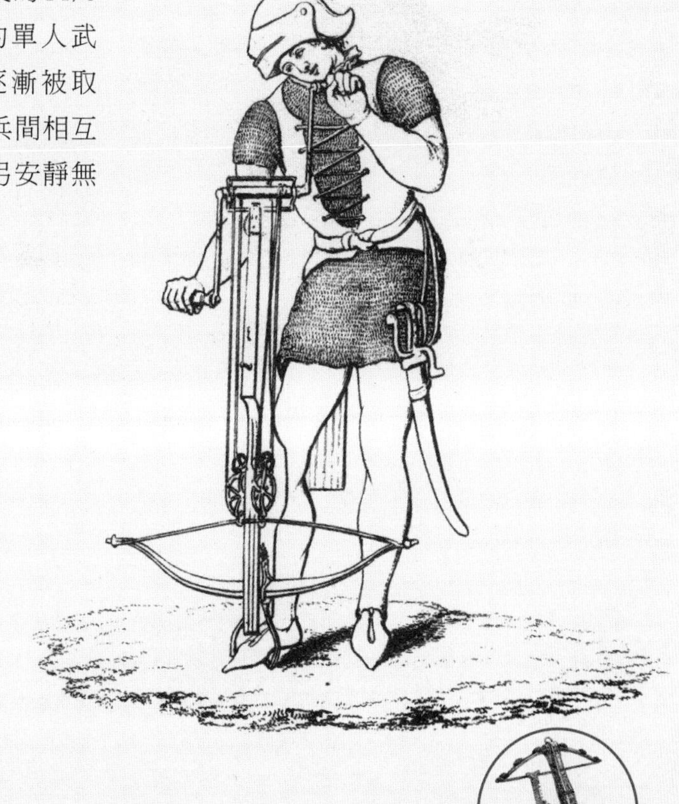

一名士兵正以腳拉開一把結合了趾環（或稱爪）以及機械齒輪的弩弓。

15

發明者
The Welsh
威爾斯人

長弓
Longbow

種類
投射武器

社會
政治
戰術
科技

西元十三世紀

長弓源自擁有數千年歷史的單體弓，經過簡單的改良後竟發揮出毀滅性的效果。長弓可以粗略定義為與人身長等高或以上的弓，弓體長寬比例約三比一。更有人認為這個意外簡單的武器，是歐洲戰場終結騎士主宰地位的主要因素，讓步兵重新贏回一席之地。

威爾斯的壯漢

一般認為長弓是在西元十二世紀發跡於威爾斯（Welsh）沼澤地帶，即英格蘭與威爾斯的邊界地帶。考古證據說明長弓早在史前時代就開始在歐洲各地出現，但只有威爾斯的長弓手成為英格蘭正規軍的核心部隊。他們的長弓以驚人的長度知名：超過1.8公尺。英國都鐸（Tudor）時代的軍艦瑪麗玫瑰號（Mary Rose）殘骸中發現了許多軍用長弓，長度在1.87到2.11公尺之間，超過當時成年男人的平均身高。

長弓主要以紫杉木條製成，裁切時將較密實的心材（heartwood）朝內做為弓腹，較膨鬆的表材（Sapwood）朝外做為弓背，兩端再仔細地打磨成圓錐型，最後掛上以麻與亞麻繩混絞而成的弓弦。長弓驚人的長度，讓拉開的弓幅大為增加，產生可觀的拉力，足以與弩弓比肩。瑪麗玫瑰號發現的長弓，其全開弓幅的拉力可達68到72公斤，等同667到712牛頓（Newton），射程達到329公尺，但有效距離為226公尺左右。相較之下，現代運動用長弓的拉力較弱，在267到311牛頓之間。

長弓可以射出1公尺長的重型錐箭，足以在200公尺外穿透鎖子甲或射殺戰馬，相當於現代柯爾特左輪手鎗（Colt revolver）三分之一的殺傷力。西元1188年一名與威爾斯人作戰的英國騎士威廉・德・巴勞斯（William de Braose）曾提到一支由長弓射出的箭矢，不但穿透了他的鎖子甲與下面的襯衣，更刺穿了他的大腿與馬鞍，最後射入戰馬的身軀中。更殘酷的是，長弓的發射速度驚人，弩弓發射一箭的時間，長弓能射出十二支以上的箭矢。一直到美洲革命年代，老練長弓手的射擊精確度還遠勝火槍手。

但這也是長弓最大的缺點：強大的力量與熟練技巧。兩項能力都需要多年苦練。為了確保有足夠數量的老練長弓手，英格蘭政府頒布了大量的法令敦促人民訓練長弓。由於以投射武器射殺對手被認為違反騎士精神，所以長弓被視為低階級人民的

武器。因此，英格蘭法律規定所有年收入低於一百便士（pence）的男人必須自備長弓，弓術練習也被規定為人民義務，其他與之牴觸的運動都下令禁止。例如，足球運動在愛德華二世到八世之間就遭禁止，好讓年輕男人持續練習弓箭。然而，長年練習弓箭會讓脊柱承受巨大力量，導致這段時期許多男人的脊柱嚴重側彎，甚至畸型。

英法百年戰爭

在英法持續百年的戰爭之中，愛德華三世不僅熟知長弓的優勢，並發展出嶄新戰術，讓長弓到達它偉大成就的巔峰。最初的勝利在西元1346年的克雷西戰役，當時法國的部隊數量遠超過英國的兩倍以上，但是英軍擁有一萬一千名弓箭手，而法國只有六千名脆弱的熱那亞弩弓兵。雖然開戰之初，弩弓手搶先射出一批弩矢，接著便如尚・弗魯瓦薩爾記述（Jean de Froissart）:「英格蘭長弓手踏前一步，鬆手拋射出一波箭雨，紛紛射穿敵人的手臂、頭顱與下顎。這些熱那亞人立刻潰不成軍，許多人當場切斷弩弦，還有人將弩弓拋在地上向後方撤離」。

熱那亞弩弓兵的潰逃擋住法國騎士前進的道路，潰兵多被自己人打倒在地，英國長弓手進一步將箭送向對方潰兵混亂之處。

早在百年戰爭開始，法國人就獲知相關警訊。西元1337年，英格蘭人與法蘭德斯人（Flanders）在該薩德（Cadsand）附近發生衝突（也是揭開英法百年戰爭的第一場軍事衝突），英國德比伯爵（Earl of Derby）命麾下的長弓手擊退佛萊明（Flemish，法蘭德斯地區居民）部隊的弩弓兵，其他部隊頓失掩護而被迫在箭雨下撤退，並被英軍趕下海岸。八年後，長弓迎來了它在歷史上最著名的一場勝利，也就是阿金庫特（Agincourt）戰役。發生在西元1415年的這場戰役，超過兩萬名法軍被不滿八千人

尚・弗魯瓦薩爾描繪的克雷西（Crecy）戰役，英格蘭長弓手技壓弩弓對手。

的英軍（大多數是長弓手）擊潰。短短一分鐘內，長弓手朝法軍前線投下了約三萬支箭，加上當天雨後泥濘的土地，與英軍事先布下的防衛木樁，大幅限制法軍騎士的機動力。當時由布拉班特伯爵（Duke of Brabant）率領的八百名騎士，原本打算向前清剿英軍長弓手，卻在接觸對手之前陣亡六百六十人，最後的交戰連公爵都被俘虜。

克雷西、阿金庫特與其他戰役的勝利，不只單純依靠長弓戰術，而是愛德華三世整體戰術規畫，特別是讓步兵有效支援長弓兵。長弓兵陣列受到步兵部隊的緊密保護，步兵會在長弓兵完成射擊任務時上前掩護、壓迫對手的陣列，並將受創的騎士拉下馬。

火藥逐漸盛行是長弓衰退的部分原因。其中一場決定戰役，發生在百年戰爭末期的西元1450年富米尼（Formigny）戰役，英格蘭長弓兵遭到熟練的法國加農炮手轟擊而棄守防線，之後更被追上來的騎兵蹂躪。火藥武器超越長弓的最大優勢是易於使用，火槍不須多年鍛鍊的體力與箭術就能上手。

長弓不只在威爾斯或英格蘭流行，圖中一批法國長弓手正展示他們的最新帽具。

英格蘭長弓手踏前一步，鬆手拋射出一波箭雨，紛紛射穿敵人的手臂、頭顱與下顎。

——《尚・弗魯瓦薩爾的編年史》（*The Chronicles of Jean Froissart*, 1370）

16

發明者

Western Europeans

西歐人

早期加農炮

Early Cannon

社會

政治

作戰

科技

類型

火藥武器

青銅彈丸，一聲聲轟隆巨響與隨之噴發的火光，宛如一個不該存在的奇蹟……人類的瘋狂終於複製出本應獨一無二的雷電。

——佩脫拉克（Petrarch），《走運和不走運時的補救措施》（*On the Remedies of Good and Bad Fortune*, 1360）

西元1300年

火藥又稱黑火藥，發明於西元1000年的中國。西元1100年左右，中國人已將火藥用在戰場，但僅限火箭、噴火器與引爆裝置等。歐洲人則利用火藥的爆炸力，發明出了投擲或發射炮彈的武器槍枝。歷經幾個世代，火藥從戰場的珍稀寶物進化成戰術應用的關鍵。但早在火藥問世的那一刻，它便註定改變戰爭型態和人類社會。

槍聲如雷

火藥從中國傳入中世紀的伊斯蘭世界後，阿拉伯人發明了「馬達發」（madfaa）。馬達發可能是某種近似於羅馬蠟燭（Roman candle）的煙火，但部分資料認為這是最早的火器。羅馬蠟燭的構造極為簡陋，火藥放在一只碗中，再放上一顆大石頭，就像裝著雞蛋的蛋杯。無獨有偶，歐洲人也發明了「鐵壺」（pot-de-fer），這是一種外型像水瓶或花瓶的鐵製容器，底部裝有金屬飛鏢。鐵壺最早出現在西元1326年獻給英王愛德華三世（Edward III）的一份手稿中，據說愛德華在該年曾在蘇格蘭使用過類似的武器。幾年後，西元1331年，戰場便出現了最早的火器：「將武器瞄準城市……以sclopus在遠處發射的攻擊最後都墜於地面，沒有造成傷害」。sclopus（或sclopetum）是拉丁文「發出轟隆聲音的物體」之意，義大利文為schioppo。但此字詞的意思逐漸演變成比較偏向「槍」，而非大炮。

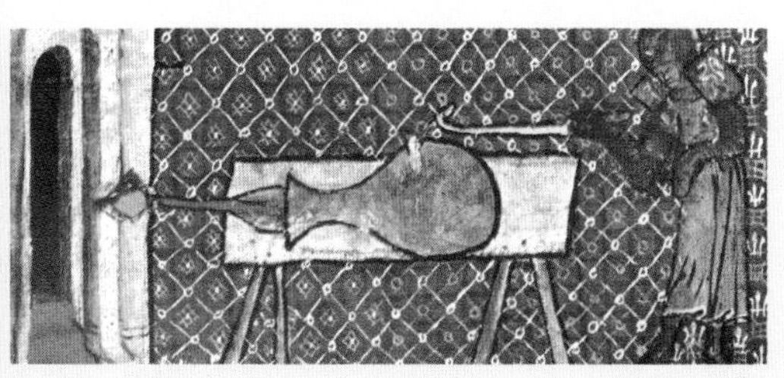

歐洲最早描繪大炮的作品，由華特・德・邁理（Walter de Milemete）於西元1326年繪製的手稿。

第一個「真正的」火炮是射石炮（bombard），製作過程類似木桶，但材料換為鐵材。當時利用以鐵環焊接的桶板，製成矮胖桶狀而炮口寬大，或是身形較長而炮口如管狀的兩種射石炮。射石炮射出的石頭有時會以鐵環箍住，以免在發射時炸碎。射石炮會放置在木製托架，或倚靠固定的炮架，早期甚至只是簡單架在土堆上。早期射石炮可能是義大利奇維達（Cividale）使用的槍，但編年史家尚・弗魯瓦薩爾（Jean de Froissart）聲稱英國人於西元1346年就在法國克雷西部署了早期射石炮。到了西元1360年左右，早期射石炮的使用更為廣泛，義大利作家佩脫拉克

愛丁堡著名的蒙斯梅格射石炮。西元1681年為了慶祝皇室生日宴會而發射，但炮管當場炸裂。

（Petrarch）便宣稱大炮已如其他種類的武器般「常見且為人所熟悉」。另一方面，手炮（Hand-gonnes）的記載最早則出現於西元1364年，這種武器最初僅由一根金屬管綁著木頭握柄，擊火原理和它們體型略大的表親相似。

綁著鐵環的射石炮體積相當巨大。收藏在蘇格蘭愛丁堡（Edinburgh）城堡的著名大炮「蒙斯梅格」（Mos Meg）建造於西元1457年，是獻給蘇格蘭詹姆斯二世（James II）的禮物。蒙斯梅格大炮身長4公尺，重6公噸，可將150公斤的石塊，投射到3公里外。另一具名為巴西利卡（Basilica）的鐵環射石炮，專為鄂圖曼蘇丹穆罕默德二世（Mohammed II）攻打君士坦丁堡所打造，其口徑超過91公分，移動時需要兩百人與六十頭牛，可將725公斤的石塊射向超過2公里的目標。巴西利卡完成填裝須費一小時，一天約能發射七次，但在這場戰事中，巴西利卡發射幾次後，隨即散架。

戰地鐘聲

人們很快就發現，鑄造鐘的方法也能運用在青銅大炮。相較於容易散架或炸毀的鐵環大炮，青銅鑄造的大炮完整性較高，標準化的程度也較佳。不過，還要再等兩百年，鑄造工匠才發覺可以重複使用同一個鑄模，讓炮管口徑一致，並使用尺寸相同的炮彈。

製造大型大炮約需要3到4公噸的青銅，而炮架本身，包括環帶、螺栓、鏈條及鐵鉤在內的重量也幾乎與之相等。因此即便早在胡斯戰爭（Hussite Wars, 1419~1424）即發明了附車輪的火炮，它們的機動性依然十分低。當時的人會為火炮命名，而炮手通常是傭工，但他們僅對所屬的火炮組忠誠，而非傭主。因此傭主有時會傭用步兵看守火炮組，以免在戰場一遇到麻煩，火炮組就拖著火炮開溜。

真正有用的大炮

十五世紀中期，法國布隆兄弟（Bureau brother）發明鑄鐵炮彈，大炮因此有了一大進展。鑄鐵炮彈與大炮口徑的密合度更高，因此不僅只是將炮彈投擲出去，還有射擊效果。此外，鐵彈也比石彈更堅固而不易碎裂，體積較小但殺傷力更大，由於彈藥體積縮小也得以提升攻城武器的機動性。

如今，大炮已經成為左右戰爭勝負的武器，百年戰爭的數場關鍵戰役就是最著名的例子。西元1450年法國富米尼戰役，法軍利用大炮成功迫使英軍長弓手離開陣地，讓自家的騎兵隊衝垮對方；西元1453年卡斯蒂隆（Castillon）戰役，配備大炮的法軍成功摧毀最後一批英軍。不過，攻城戰才是早期大炮發揮實力的最佳時機。西元1449到1450年，在奪回諾曼地（Normandy）的戰役中，擁有火炮火力支援的查理七世（Charles VII）總共打贏了六十場攻城戰。擁有大炮的鄂圖曼人則終於在西元1453年的君士坦丁堡（Fall of Constantinople）攻陷戰役裡，攻克拜占庭牢不可破的城牆。穆罕默德二世（Mohammed II）的攻城車即包含五十六座火炮和十二座大型射石炮。

約在十五世紀末期，許多技術同時出現進展。除了開發出鑄鐵炮彈，火藥的品質也有所提升，新的火炮鑄造技術也促成第一具移動式大炮，方便隨軍隊行進。這些就是法國國王查理八世（Charles VIII）的「新式」大炮。歷史學家漢斯．戴布列克（Hans Delbrück）稱這些大炮是「真正實用的大炮」。西元1494年，查理八世帶著配備重要炮耳（trunnion，突出的支撐點）的火炮入侵義大利，這種設計可將大炮安放在輕巧的兩輪炮架上。換言之，這種設計同時提升大炮的機動性，也改善了放置和瞄準的速度，因為操作人員在調整砲口時，比先前的木製槽式車駕更輕鬆。這些大炮充分展示了新的炮隊編組如何終結城堡時代。當查理八世的槍炮指向那不勒斯城堡蒙特聖僑凡尼（Neapolitan castle of Monte San Giovanni），這座先前曾擋下七年傳統攻城戰的城堡，在八小時內徹底淪陷，而查理八世也在三個月內拿下義大利。

早期大炮的威力在這兩場戰役中展現無遺，一次是西元1512年義大利拉溫納（Ravenna）戰役，另一場是西元1515年義大利的馬里尼亞諾（Marignan）戰役，當時法軍利用大炮殲滅敵方的西班牙與瑞士軍隊，大獲全勝，因為敵方在挖壕溝和築防禦工事的實務執行並不徹底。不過，有些適合步兵行進的地形，卻不利早期大炮發揮威力。即便使用兩輪炮架，在戰場上還是很難重新部署大炮，一旦炮兵就定位，再次移動的時候就是戰事結束時。這也表示一直到十八世紀後，炮隊才真正在戰場發揮戰術作用。

17

發明者

Prehistoric man

史前人類

文藝復興時代長槍
Renaissance Pike

社會
政治
作戰
科技

類型

長柄武器

西元十五世紀

長槍其實就是加長的矛（spear）。從長槍的歷史來看，可以很清楚地發現只要透過正確的戰術，就可以讓簡單的武器，發揮最驚人的破壞力。事實上，可能正是因為長槍設計簡單的特性，才有助於激發各式各樣讓人讚嘆的戰術。而從十三世紀至十七世紀晚期，改良後的長槍也在大大小小的戰役中扮演重要角色。

窮人的武器

長槍外型如加長版的矛，據信最早的出現時間可追溯至史前時代；不過如果一柄「真正」長槍的定義，是具有鐵製的槍尖加上相當瘦長的槍柄（長槍尺寸最長可達6公尺），那麼最早在歷史留名的，當屬馬其頓方陣所用的薩里沙（sarissa）長槍。在亞歷山大大帝時期，馬其頓方陣徹底發揮超強的破壞性。之後也進一步證實這樣後方有騎兵隊支援、極具侵略性又能快速移動的馬其頓陣型，正是文藝復興時期長槍兵的原型。

中世紀的戰場上，長槍是典型的窮人武器。擁有土地的貴族能夠負擔馬匹、盔甲、佩劍，但佛萊明民兵或蘇格蘭低地的農民兵等勞動階級卻無能為力。面對騎士的武力，民兵的對策相當古老：一柄尖銳的長槍。長槍可讓民兵與騎兵保持距離，彌補沒有盔甲的缺點，並降低騎士居高臨下的優勢。

中世紀手持長槍的軍隊中，最成功的例子當屬發生在蘇格蘭獨立戰爭期間的戰爭，如史特林橋戰役（Battle of Stirling Bridge, 1297）、班諾克本戰役（Battle of Bannockburn, 1314），以及庫特雷戰役（Battle of Courtrai, 1302）——又名金馬刺戰役（Battle of Golden Spurs）。這些戰役都是出身低微的士兵擊敗了貴族軍隊。史特林橋戰役中，英格蘭軍隊指揮發生戲劇性錯誤，讓蘇格蘭軍隊在威廉·華萊士（William Wallace）的率領下取得大捷。當時英格蘭指揮官約翰·德·瓦朗（John de Warenne）命令軍隊穿過史特林橋，但此舉如同將士兵直接送入蘇格蘭軍隊的刀槍之下。當英軍推進到橋中央時，華萊士隨即命令長槍手進攻。在狹窄的橋上，策馬的騎士不及迴轉，幾乎全軍覆沒。這也是歐洲首次出現平民持長槍戰勝封地領主的戰役。五年後，相同的情形再度上演；這次由強悍的佛萊明民兵，持著格登（geldon）長槍，擋住了法國騎士致命的衝鋒，並擊潰他們。

瑞士戰法

中世紀長槍步兵的成功，被認為是改變中世紀騎兵與步兵間戰力不均等現象的關鍵。由長槍兵組成的方陣隊形威力強大，但也並非無堅不摧：由於長槍兵主要由無力負擔盔甲或盾牌的民兵組成，因此幾乎完全暴露在遠距武器的攻擊之下，封建制度的軍隊即是利用此項弱點破解方陣。西元1298年，英軍利用弓箭手在蘇格蘭的福爾柯克（Falkir）大破華萊士部署的大圓陣（Schiltron，蘇格蘭式長槍陣型），華萊士就此吞下慘敗。

為了克服遠距武器的威脅，瑞士人改良了長槍方陣，提高侵略性與機動性，使其成為歐洲最令人聞之喪膽的武器。馬基維利（Machiavelli）在《戰爭的藝術》（*The Art of War*, 1521）一書中試著解釋瑞士人長槍方陣戰術的發展過程。當時的瑞士為了自由與擁有重裝騎兵的奧地利交戰，雙方士兵數量相當，但瑞士資源匱乏，因此為自身特點設計一套專用戰術。他們借鑒亞歷山大大帝時期的馬其頓方陣，使用成本低廉的現成長槍，再以精實嚴格的訓練提升機動性，同時保有優異的協調性。這套戰術攻擊力強大，在戰場上所向披靡，無往不利，敵軍無不聞之喪膽。蘇格蘭王詹姆士四世（James IV）得知此優異戰術後也想仿效，並且在與英格蘭的戰爭中，打出「以瑞士戰法作戰」的口號。不幸的是，蘇格蘭人在試圖仿照時，犯了致命錯誤，例如未安排側翼砲兵、弓箭手及精銳散兵等。少了這些元素，便無法順利讓長槍方陣施展威力，擊潰敵軍陣形。西元1513年，蘇格蘭在弗洛登（Flodden）戰役中慘敗，由此次戰事也可看出長槍方陣的成敗，取決於能否精準執行一套完整的戰術系統。

擁有全新的長槍戰術後，瑞士人在西元1476至1477年間的一系列戰役中，摧毀布根地人（Burgundians），整個歐洲大為震驚。瑞士的成功事蹟讓眾人群起仿效。就在此時，德國一支以華麗穿著聞名的傭兵部隊採用了長槍，這群傭兵使用的長槍擁有約5.5公尺的榆木槍桿，以及25公分的鋼製矛尖，通常裝飾著狐狸或其他動物的尾巴以祈求好運。在當時的戰爭中，這支傭兵部隊與瑞士軍隊常常在各種戰役互相爭鬥，兩隊的軍備競賽也反映在增長至6公尺的長槍。這種長槍的握柄以硬化處裡的榆木製成，為了減輕重量而採用往頂端逐漸變得尖細的設計，但不可避免地形成彎曲下垂的問題。

弓箭手或長槍手可能是一場戰役的勝負關鍵。

——麥爾坎・維爾（M. Vale），《戰爭與騎士精神》（*War and Chivalry*, 1981）

長槍與火槍

當火槍加入後，長槍軍隊開創了全新局面：先後與手炮和火繩槍的合作，也重新定義了長槍在戰場的作用。由於火繩槍手的防備力低，特別難以抵抗騎兵的襲擊，在重新裝填火藥時更是容易受到攻擊，但長槍手的掩護可以彌補這項缺點，另一方面，火繩槍手也能為長槍手開道，向前推進。

在極力增加火繩槍手的數量、改善火繩槍手與長槍手的比例後，德國傭兵與瑞士軍隊的對決逐漸占上風，但隨後又遭到西班牙大方陣（tercio）取代了領先地位。自西元1505年開始，西班牙即擁有由上千名士兵組成的方陣，這些士兵包括長槍手、火繩槍手以及劍盾手；到了西元1530年代，這些方陣的規模擴大，組成人數增加到三千人或更多，此方陣依然以長槍手組成中心區塊，四個角落則設有火繩槍手組成的小方陣。西班牙大方陣的戰力完備，在戰場上宛如移動要塞，可抵抗來自四面八方的任何攻擊型態，是令人畏懼的強大力量。

這份十七世紀晚期的軍事操演手冊，示範了正確的長槍手預備姿勢。

西元1525年，西班牙與法國爆發帕維雅（Pavia）之戰。當時的法國國王法蘭西斯一世（Francis I）以崇尚騎士精神著稱，並擁有「騎士國王」的稱號，卻也因此忽視戰爭型態已轉變為以火器為中心的新方陣主導。正當法軍要靠大砲的威力取得勝利時，法蘭西斯一世卻下令讓騎兵部隊走在火槍部隊前方，火槍部隊不得不停止射擊，結果便是在西班牙方陣致命的長槍與火繩槍組合之下，如俎上魚肉，任人宰割。在哈布斯堡（Hapsburg）的長槍兵與火槍部隊包圍之下，法國騎兵被林立的槍尖困住，無法動彈，只能任由西班牙火繩槍手射殺。法國最終大敗於西班牙，法蘭西斯一世淪為階下囚，帕維雅戰役成為軍事史上最悲慘的敗戰之一。

西元十七世紀，隨著火槍改良與使用普遍，長槍時代便逐漸遠去。火器與長柄武器的比例慢慢日漸懸殊。不過，當其他刀刃武器幾乎銷聲匿跡了，長槍依然在戰場占有一席之地。直到西元1697年，德國和英國在火槍前裝上刺刀，才正式捨棄使用長槍。

18

發明者

The Spanish?

西班牙人？

火繩槍機

Matchlock

社會

政治

戰術

科技

種類

火槍

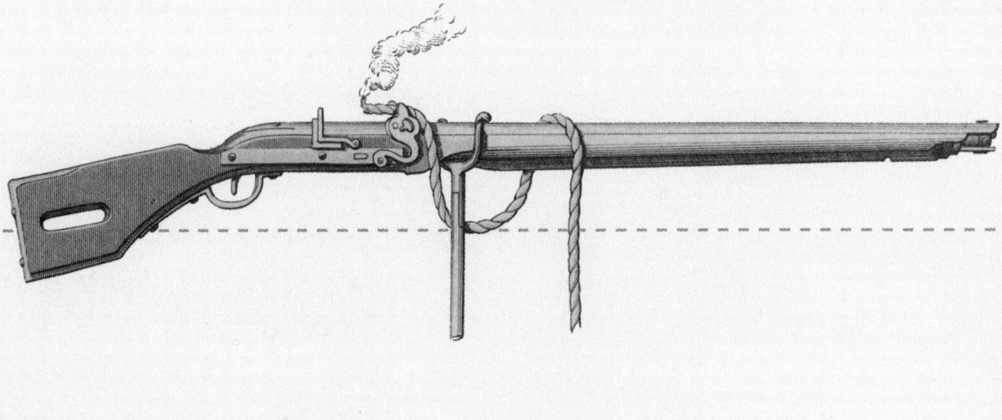

如你所知，新器具的出現，定有其必要性。

——馬基維利，《戰爭的藝術》，第二卷

西元十五世紀中至晚期

火繩槍機的原文matchlock由兩個字拼成，即match（引信）與lock（栓）。栓通常只稱火槍上用來點火發射的構造（也許因槍栓的機械設計近似門栓），而引信則指一條緩慢燃燒的繩索。火繩槍機是第一把真正有效率的手持火槍。它或許粗陋、骯髒、不好操作又十分危險，但它的確在戰術與戰略層面，促成了人類戰爭本質的轉變。

蛇桿與硝石

第一把可攜帶的火藥武器或「手炮」，就是一臺縮小版的加農炮：前膛裝填火藥的鐵炮管緊扣在木頭炮座上，無燄慢燃的引信（以浸酒精並包覆硝石的繩索製成，可緩慢穩定地燃燒）伸進細小的點火口引燃炮膛內的火藥。通常還得有一個人穩住炮身（並承受後座力），另一人則負責點火。而完成的射擊幾乎毫無精確度可言。

十五世紀中至晚期（或許就是在西元1411年的西班牙），手炮被改造成更有效率的火器，這都歸功於一個簡單好用的設計：蛇桿火繩槍機（serpentine matchlock）。這種S型單軸槓桿的上半部會夾住燃燒的火繩，扮演引爆火藥的撞針功能；下半部則如同今日的板機，拉下時連帶推動火繩端，伸進裝滿火藥的小型火藥鍋點火，再引爆槍膛內更多的火藥，把彈丸射擊出去。操作者就此可以不再需要一面盯著點火口，一面分出心力瞄準射擊目標。

第一把裝上火繩槍機的火器稱為掛肩火銃（arquebus或hackbut），此名稱或許來自德文hakenbuchse，意思為帶鉤爪的槍（裝有可以將槍身固定在牆邊的鉤爪，以協助緩衝後座力）。西班牙人將掛肩火銃扛在肩上開火，後來傳到其他國家後，進一步改成抵肩射擊。為掛肩火銃裝填與開火過程的步驟十分麻煩，足以分解成九十六個獨立動作。即使到了十六世紀，裝填一發彈藥還是得花上10到15分鐘。讓火繩伸進火藥鍋的扣板機動作，還產生了一句成語：「藥鍋中的火光」（flash in the pan），即成功一閃即過而終歸失敗或曇花一現，因為火繩常常沒辦法順利點燃藥鍋。另一方面，有時伸入藥鍋的火繩又點火太快，造成意外擊發。除此之外，每次射擊之間，火槍槍管都需要清理才能再用，而太潮濕的環境也無法使用。槍手在夜間作戰或埋伏時，燃燒的火繩還可能敗露行蹤。滑膛（smoothbore）槍管的設計也壓縮了精確度，通常只能達到274公尺。到了西元1550年，有經驗的長弓手還是比任何火槍

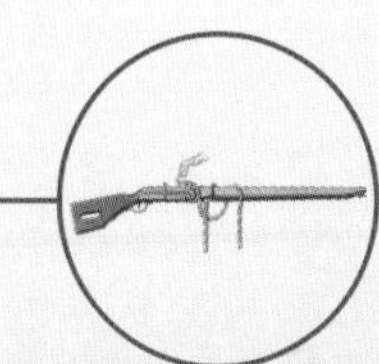

手射得更快、更準。

即便火繩槍機有上述如此多的缺點，但一旦將它放在任何一名可以記住動作順序的士兵手上，火繩槍便是無庸置疑的殺人工具。全歐洲任何一名訓練最完備、戰技最傑出且擁有最佳騎士精神的騎士，都無法抵擋火繩槍射出的彈丸，它足以打穿最堅固的板甲。

掛肩型火繩槍還有其他名稱，如輕型掛肩槍（caliver，或稱鳥銃）與大蛇銃（culverin）等。後來出現的滑膛槍（musket）就像是重量提升版的掛肩火銃，射擊時需要額外叉架以固定槍口。火繩槍機出現的年代正值義大利戰爭早期，當時六分之一的西班牙士兵皆配備了各式火槍，從掛肩火銃到滑膛槍都有。西元1506年，為了對抗興起的佛羅倫斯（Florentine）軍隊，馬基雅利特別要求每百名步兵中，至少要配置十名輕裝火繩槍兵（scoppietteri）。

十七世紀滑膛槍手訓練手冊的插圖。

火繩槍機的爆發式流行，可從兩艘相隔五十年的都鐸時代沉船遺物中，得到明確證據。沉於西元1545年的瑪麗玫瑰號挖出數百張長弓，以及極為少數的火槍；但沉沒於西元1592年的奧德尼（Alderney）卻挖出來大量火槍。隨著火槍技術慢慢進步，軍隊中火槍裝備的比例也跟著增加。而為了改良棘手的火繩問題，也促成了第一把燧發式槍機（flint-lock）的誕生。

新世代戰爭藝術

火繩槍機的各種缺點，反而引發了一連串戰爭事務的改變。另一方面，火槍也被認為更能體現民主特質，影響力遠超過弩弓（第62頁）。火繩槍機相對造價更便宜、更能廣泛供應步兵。火槍在手，任何人都能在尊貴騎士的盔甲上轟出一個大洞。火繩槍機也促進了類似弩弓在戰場發揮的作用（第65頁），進一步打破階級與軍種壟斷的局面。例如，十五世紀晚期，由於出身低層的火槍手擊斃了數名義大利指揮官吉安・帕羅・維泰利（Gian Paolo

長篠合戰圖，出身卑微的滑膛槍兵將無數的彈藥朝著衝鋒而來的日本貴族武士傾瀉。

Vitelli）麾下的貴族騎士，他下令斬去所有俘獲掛肩火銃手的雙手並挖除雙眼。火繩槍機帶來的階級轉變最鮮明的例子，可能發生在日本。西元1575年的長篠戰爭，織田信長布署了一千五百到三千名掛肩火銃兵，在貴族武士組成的武田勝賴騎兵團迎面衝來時，徹底摧毀對手也翻轉了日本戰場的傳統社會秩序。

火繩槍機受到廣泛採用，也由於為了供應其所需的資源材料與後勤支援，戰略有了重大變革。一把滑膛槍包括推彈桿（ramrod）與固定支架，就已經比一名羅馬軍團士兵的全副武裝還要沉重；所以當一名羅馬軍團士兵配上武器，再帶上約兩週的食糧（總共約36公斤重），便相當於一名掛肩火銃兵武器裝備的重量，更別說還要背上食糧了。這名掛肩火銃兵還需要中央補給火藥、子彈，以及火繩槍所需的各種零件工具。因此軍隊變得比過去更倚賴補給車隊，行動變得較為遲鈍、難以自給自足，而補給線則成為軍隊的命脈。哈布斯堡家族（Hapsburg family）以西班牙為基地攻打荷蘭與義大利時，很快就因為補給線過度拉長而付出慘痛代價。人類的戰爭藝術自此開始，堅定地往後勤科學的方向發展。

操作掛肩火銃是件複雜的事。一名掛肩火銃兵除了火槍與配劍，還需要一壺火藥粉和足夠的引火繩；還要加上推彈桿、固定支架、一支清卡彈的長叉，以及一塊裝填與清潔兩用的抹布。另外，別忘了攜帶銅塊與鉛塊，以便自己動手融製鉛彈，再加上用來點燃火繩的一套打火石。因此許多掛肩火銃兵會配上一名隨從協助背扛裝備，並保持火繩燃燒以便隨時使用。

19

發明者
Nature
大自然

天花與細菌戰
Smallpox and Germ Warfare

社會
政治
戰術
科技

種類
生物兵器

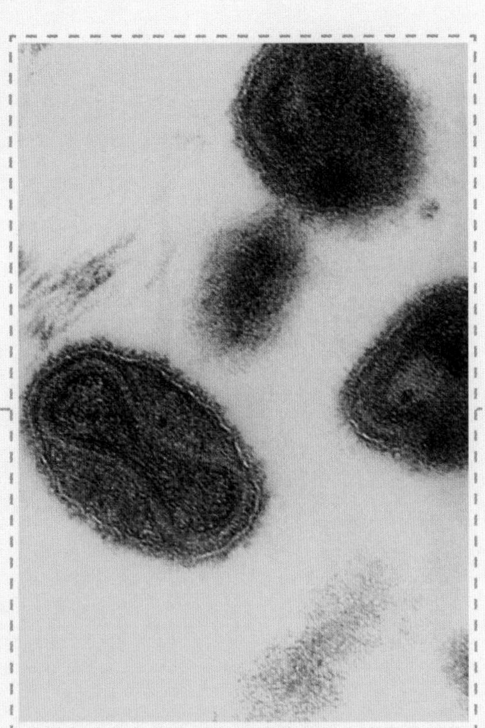

西元十六世紀

天花是一種病毒引起的疾病。感謝全球公共衛生系統的奮鬥，天花已然絕跡。身為史上最大災難的傳染病之一，天花可以說是歐洲殖民強權征服美洲原住民的主要武器。天花被刻意規畫成生物兵器散布出去的事件，歷史中便至少明文記載了一筆。

屍積如山

天花不是第一種用於戰爭的微生物武器。中世紀的攻城戰，常常使用大型投石器將馬匹甚至是人的屍體扔進圍攻的城市或要塞中，希望達到散布腐敗與污穢以打擊士氣的效果（從傳染病學來看，效果其實不大）。最惡名昭彰的例子發生於西元1346年的卡法（Caffa）攻城戰。攻城的韃靼人（Tartars，歐洲人對蒙古人的稱呼，此戰爭的攻城者為蒙古的金帳汗國）在攻打克里米亞（Crimea）時飽受摧殘，那恐怖的瘟疫便是黑死病（Black Death）。

根據熱那亞人加布里爾・德・謬西（Gabriele de' Mussi）的記載（可能是二手消息），一開始守城的基督徒以為是上帝的恩典，趕走了異教入侵者。但很快地，喜悅轉成惡夢般的悲劇。攻城戰進入第四年，「困在城中的基督徒……被無邊無形的大軍圍困……幾乎無法喘息」。德・謬西也聲稱部分逃離的熱那亞商人將鼠疫傳遍了地中海，接著進入歐洲，造成全歐洲超過三分之一的人口死亡。換句話說，韃靼人帶來的生物攻擊就是導致黑死病的直接原因。但美國加州大學歷史學家馬克・惠勒（Mark Wheeler）質疑：「認為黑死病是卡法攻城戰的生物武器，只是種似是而非的說法，即使此說法解釋了卡法城為何會得到黑死病……但黑死病傳入歐洲與克里米亞的疫情，很可能是兩件獨立不相干的事件」。

擁擠的致病

比黑死病更致命的傳染病，在歐洲人大航海時代（Age of Exploration，又稱地理大發現時代）期間，傳入從未染病的美洲大陸，在短短數十年間幾乎掃清了美洲原住民。天花屬於病毒性傳染病，感染者身上會先出現疹子，接著開始化膿，最後留下俗稱麻子的凹陷斑痕。染病期間最嚴重的情況，病人的膿口會擴大、互相接連成更大的水泡覆蓋體表；或是可能進一步出現全身嚴重滲血，兩種病徵分別稱為融合性天

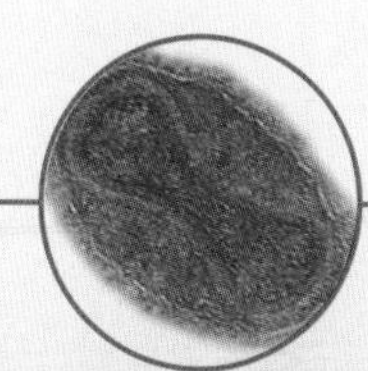

我們不得不踩著死亡印第安人的軀體與頭顱前進。這塊旱地堆滿了屍體。

——貝爾納爾・迪亞斯(Bernal Diaz),十四世紀編年史家,描述西班牙人侵入最近才遭天花肆虐的特諾奇提特蘭(Tenochtitlan)時的悲慘景象

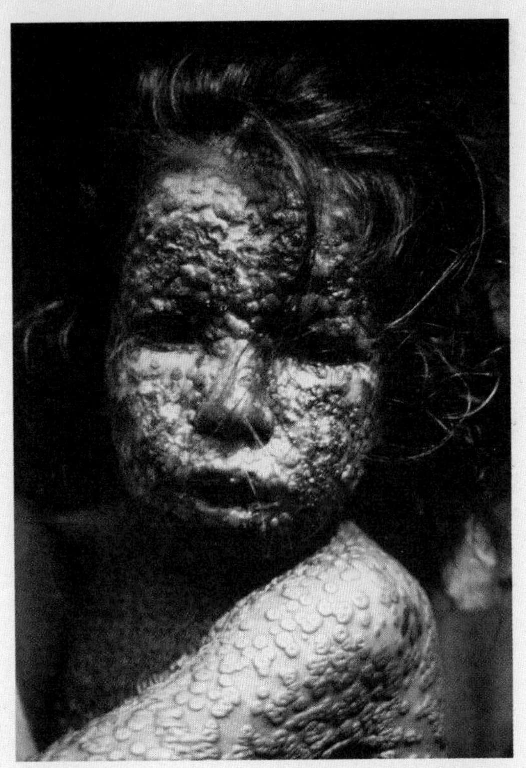

一名孟加拉的年幼天花患者,可清楚呈現天花造成的恐怖皮疹。

花與出血性天花。一般天花的致死率高達30%,而融合性與出血性天花幾乎無藥可治。

據信是西元一世紀時,天花開始由非洲中南部傳布,屬於一種群聚疾病(crowd disease):自居民與牲畜一起生活的大型密集社群演化出來,這種社群讓病毒快速地從原本物種跳躍傳遞到另一物種(例如從牛傳染給馬,再傳染至人類)。雖然它具有強大的傳染力與致命能力,且在古代遺跡也顯示天花也許就是許多神秘瘟疫的元兇,但在人類間持續流行數百年後,也已讓歐亞非三大洲居民演化出一定程度的免疫力。

相較之下,美洲原住民定居美洲的歷史並沒有很長,同時也沒有大規模畜養家畜的傳統。因此當歐亞民族把疾病帶來新大陸時,便造成了災難性的衝擊,改變了世界歷史的發展。例如,西元1521年荷南・柯爾蒂斯(Hernán Cortez)率領西班牙征服者圍攻阿茲提克的特諾奇提特蘭(Tenochtitlán)時,當時印第安人正與天花做生死搏鬥。當西班牙人占領這座被疾病蹂躪的城市時,估計大約已經有五萬名印第安人死於這場瘟疫。中南美洲約有九成原住民聚落都遭天花摧毀,同樣的命運也降臨至北美的原住民。

期待的效果

天花在美洲大陸的流行,可能是一種

不經意的疾病武器化過程。但有明確的歷史證據指出，後來的殖民強權開始嘗試使用微生物作戰。西元1756到1763年，在法國與印第安人的戰爭期間，英國駐北美洲的軍隊指揮官傑佛瑞・阿姆赫斯特（Jeffrey Amherst）爵士與亨利・波奎特（Henry Bouquet）上校曾以書信討論如何清剿北美原住民，以下是阿姆赫斯特寫於西元1763年7月16日的書信內容：

> **附註：毛毯可以幫你成功讓這些印第安人染上疾病，或是其他任何可以消滅這可恨種族的方法都行。如果你安排放狗追獵，我會感到十分高興。可惜英格蘭實在太遠，現下無法這麼處理。**

幾個月後，匹茲堡（Pittsburgh）民兵指揮官威廉・特倫特（William Trent）於5月24日的日誌中記載：「我給他們兩張毛毯與一條手帕，都是從天花醫院收集來的。我希望它們可以發揮預期中的效果」。幾個月後，印第安社群果然爆發天花疫情。

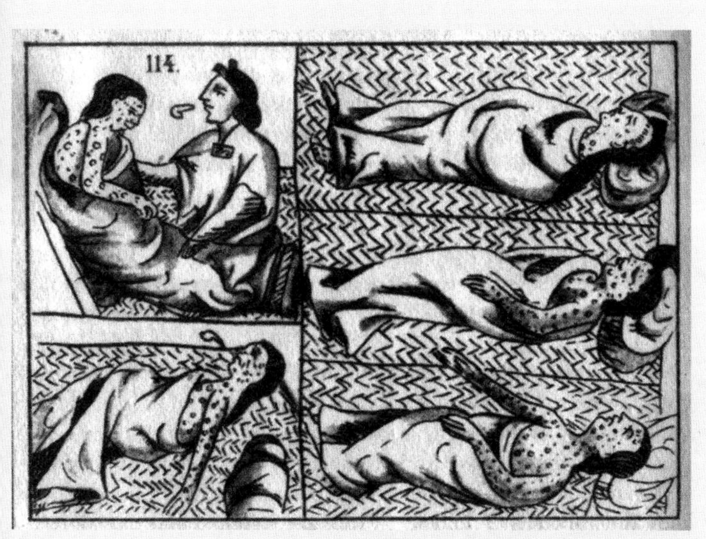

阿茲提克畫像中描繪了醜惡的瘟疫，隨著西班牙入侵者的腳步襲來。

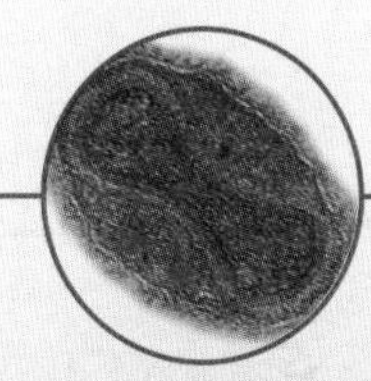

20

發明者

The knife makers of Bayonne

法國巴詠納市的製刀匠

刺刀
Bayonet

社會
政治
戰術
科技

種類
有刃武器

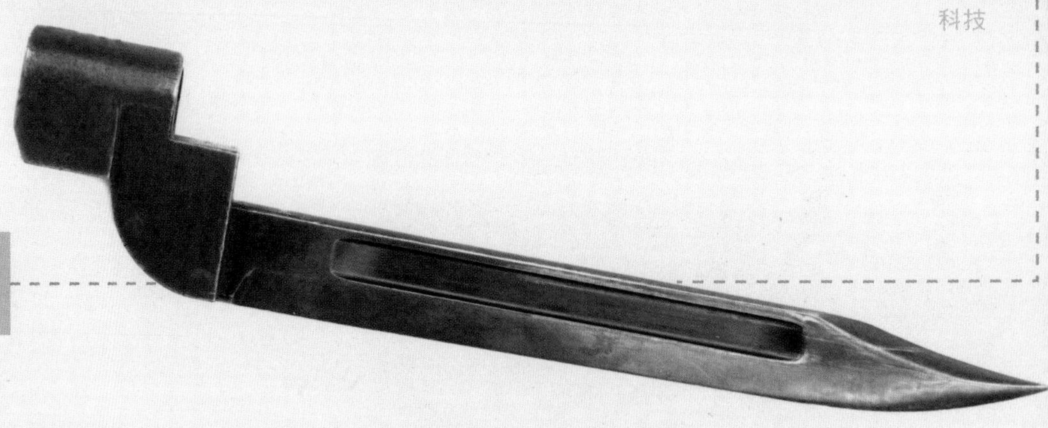

大約一個半小時內，你聽不到一聲槍聲或砲響……只有一些來自數千名勇敢士兵的悶聲低吼，他們貼身肉搏著，彼此奮力斬殺。

——俄羅斯軍官丹尼斯．大衛朵夫（Denis Davidov），埃勞（Eylau）戰役，西元1807年。

西元十六世紀晚期

刺刀是一種可以裝在滑膛槍或來福槍前端的短刀，讓步兵可以用同一把武器進行射擊與近身肉搏。刺刀原文Bayonet來自法國小鎮巴詠納（Bayonne）。十六世紀時，此處以製造獵人專用的短刀出名，這種短刀稱做le bayonette de Bayonne，特徵是具有錐狀握柄與寬大的十字護手，讓獵人在遇到兇暴野豬而來不及裝子彈時，可以插在槍口當做獵豬矛。

醜陋的附加品

無論刺刀命名由來是否屬實，它的現身解決了部分滑膛槍的問題。滑膛槍需要足夠時間進行裝彈，這時士兵處於脆弱無防備的狀態，若有騎兵或其他敵人逼近身邊，他們無法快速開火防衛。這也是十七世紀的軍隊裡還保有長槍兵一席之地，以保護火槍兵。但是刺刀的出現，將火槍手與長槍手合而為一。

刺刀第一次出現在戰場的記錄，大約是西元1647年。那時位於荷蘭的法國軍隊開始配備30公分的刺刀。第一支裝備刺刀的英國部隊是西元1672年魯珀特王子（Prince Rupert）的龍騎兵部隊。但是當時刺刀為插入槍管使用，因此一旦裝上刺刀，滑膛槍就無法再發射。對身在戰場的士兵來說，當下選擇是否插上刺刀，如同面對攸關生死的決定。西元1689年的基利克蘭基（Killiecrankie）戰役中，休・麥凱（Hugh Mackay）將軍率領的四千名英軍遭到蘇格蘭人埋伏，高地人自山丘上向他們衝來。「高地人殺來得太快，如果等到有效距離再開火，士兵將沒有機會在火槍口裝上刺刀，準備防禦」，《士兵們：戰爭中男人的歷史》中如此記載。這場戰役中，有一半英軍士兵戰死。

為了解決這項棘手的問題，當時發明了環型刺刀，即刺刀柄附加的套環固定在槍管上。西元1687年更發明了套筒式刺刀，將三角型鋒刃連結到一個袖筒或套筒型的構造，可以更穩當地固定在槍管上。套筒還設有一個扣住槍管的凸起物，可以當做準星協助瞄準。至此，現代刺刀的外型已大致抵定。

刺刀無用？

火槍裝上刺刀後，槍體平衡會被破壞而嚴重影響射擊的準確（第79頁）。軍事史學者廣泛認同，刺刀主要為象徵性的存在，實戰意義並不大，而真的以刺刀進行的戰鬥更是罕見。與其說是殺人兵器，刺刀更像是鼓舞士氣的工具。當喬治・華

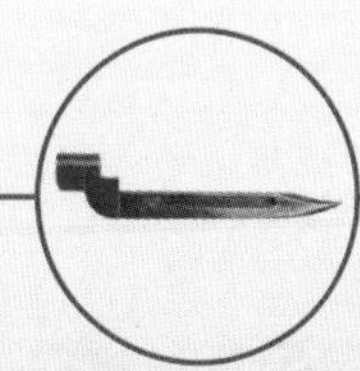

美國南北戰爭時的刺刀衝鋒。

盛頓（George Washington）準備進攻翠登（Trenton）時，被警告最好下令撤退，士兵的火槍都已濕透，恐怕無法射擊。華盛頓如此回應：「告訴蘇利文（Sullivan）將軍上刺刀。我會拿下翠登」。最後華盛頓攻破翠登，成為獨立戰爭的轉捩點。

由此角度來看，刺刀的尺寸十分重要。英軍在第二次世界大戰時，部分軍隊採用短錐釘型的刺刀，雖然長度足以刺殺對手，但無法鼓舞士兵士氣，還得到一個貶諷的外號：「豬叉」。另一方面，較大的劍型刺刀也較難握持使用。第二次世界大戰中，英軍使用了印度式刺刀，這是一種難以使用的長劍型刺刀。歷史學家皮耶・伯頓（Pierre Berton）記載了加拿大軍隊如何嘲弄印度式刺刀，認為它除了能串燒吐司麵包之外，沒有太大用處。

血與膽

雖然統計學上刺刀對造成傷亡沒有產生多大幫助，但是自美國獨立與第二次世界大戰，一直到今日各個軍事衝突中，還是有許多紀錄可以證明即使在這段遠距離射擊主導的時代，刺刀衝鋒依然能帶來相當的心理衝擊。西元1775年美國獨立戰爭期間的碉堡山（Bunker Hill）戰役的戰況進行到白熱化時，一名英軍軍官記載：「我們推開屍體接近還活著的士兵，用刺刀捅倒了一些，又劈了一些人的腦袋」。刺刀戰最血腥的記錄之一是西元1807年的埃勞戰役，那時俄羅斯軍官丹尼斯・大衛朵夫寫下了目擊報告，描述法軍與俄軍間的肉搏戰：「兩邊加起來超過兩萬人糾纏在一起，把三角刺刀插進彼此身體……我成了一場荷馬史詩式般屠殺的目擊者……屍體疊起的小山一座接著一座地出現……這塊戰區已堆出一道高大的屍牆……」。

第一次世界大戰的機槍與壕溝戰術，讓刺刀幾無用武之地，因為很難有機會與敵人接近到可以使用刺刀。第二次世界大戰時，部隊的機動力得到改善，但是小型槍械在此時逐漸普及，使得刺刀的存在顯得非常多餘。然而在野蠻殘酷的近身戰鬥中，刺刀還是保有它的優勢。歷史學家安東尼・畢佛（Anthony Beevor）提到在史達林格勒（Stalingrad）戰役中，馬馬耶夫崗（Mamayev Kurgan）地區的戰況極其兇暴殘忍：兩具分屬德軍與蘇軍的屍體在後來出土的狀態顯示，在他們被砲擊轟炸的廢墟掩埋前，雙方同時將刺刀插進彼此的身體。

部分現代軍隊完全拋棄了刺刀，例如美國陸軍自西元2010年起，停止所有刺刀訓練，不過海軍陸戰隊依然堅持將OKC-3C型刺刀列為標準配備，在槍械無法開火時使用。英國士兵還曾在福克蘭群島（Falkands）、波灣戰爭與西元2004年對伊拉克的戰事中，使用刺刀衝鋒攻擊。不過現代刺刀的主要用途幾乎不在戰鬥，而是用在截斷鐵絲網等。

左邊的英國士官長向受訓的美國士兵示範如何面對刺刀。

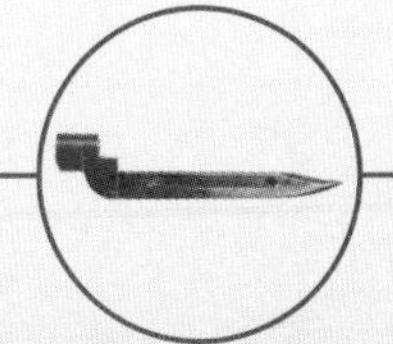

21

發明者

The French?

法國人？

燧發槍機

Flintlock

種類

火槍

社會

政治

戰術

科技

大約西元1620年

縱使火繩槍機（matchlock）改變了戰爭的本質，但實戰效果仍差強人意。槍手必須拖著一條正在燃燒的長長火繩，也無法事先裝填待發，遇到潮溼的天氣便會失效。因此，要使火器成為真正普遍的步兵兵器，亟需新的點火擊發設計。

簧輪槍機

簧輪槍機（wheel-lock）約略發明於西元1515年，可能就誕生在德國紐倫堡（Nuremberg）一帶。簧輪槍機的鋸齒狀金屬輪擁有能像時鐘般旋轉的彈力裝置，取代了火繩點燃彈藥的機制。當這個裝置釋放時會撞擊一個稱為「狗」或「雞」的組件，即一片硫化鐵類礦石（iron pyrites）。撞擊發出的火星會點燃藥鍋中的火藥粉。簧輪是一件需要精準設計與製造的齒輪元件，既昂貴又難維護，所以無法廣泛流行。以美國殖民者來說，直到真正的燧發槍機出現前他們還是偏好火繩槍機。然而，從簧輪槍機的確演進出第一批堪稱實用的手槍（pistol，以生產此種手槍的義大利小鎮皮斯托亞[Pistoia]命名），又稱為「達克」（dags），能讓人在馬背上使用。手槍也在刺殺行動中出現，西元1584年，荷蘭的沉默者威廉（William the Silent）就被一把簧輪槍機手槍擊倒，成為世上第一位被以手槍刺殺的領袖。

當滑膛槍（musket）變得比較輕便時，就開始逐漸取代掛肩火銃（arquebus，第79頁）。西元1560年代阿爾瓦公爵（Duke of Alva）麾下每一百名掛肩火銃兵便有十五名滑膛槍手，而不過數十年後的「三十年戰爭」中（Thirty Years' War, 1618-1648），瑞典國王古斯塔夫・阿道夫（Gustavus Adolphus）的軍隊就以滑膛槍為主要配備。

槍上的那隻雞

此時期的典型滑膛槍具有一條1.2公尺長的滑膛槍管、13至25公釐的口徑與約50公尺的有效射程。隨著科技持續進步，啄擊式槍機（snaphaunce lock，又稱彈簧火繩槍機[snapping matchlock]），具有一個由彈力擊槌與板機組成的雙重構造，使扣板機與擊發幾乎同時發生。名稱來自荷蘭文的啄（snap）與公雞（haan），指啄食的禽鳥（pecking fowl）或啄食的公雞（snapping cock）。十六世紀末，同時發展出的類似槍機設計有擊鐵（frizzen）、西班牙燧發槍機（miquelet lock）、斯堪地那維亞彈簧槍機（Scandinavian snaplock）與犬鎖槍機（dog lock）等，逐步引導出十七世紀初真正的

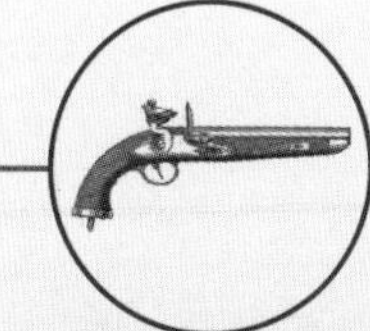

燧發槍機。燧發槍機之射擊機制乃是將燧石敲擊鐵片（即擊鐵），隨之產生火花。此時，落下的燧石夾（cock）打開藥鍋擊發。早在西元1615年首次以燧石取代硫化鐵的是法式滑膛槍，而真正的燧發槍機大約於西元1620年問世。

雖然最早一代的燧發槍機比起火繩槍機來說即貴又不可靠，但燧發槍機仍很快地汰換了火繩槍機。燧發槍機於西元1682年第一次被英國採用，不久之後英國就發展出陸地型（land pattern）滑膛搶，並成為不列顛步兵標準武器達一百六十年之久。這種槍又稱為棕管槍（Brown Bess），得名自胡桃木槍托與人工酸蝕處理的槍管。

暫停射擊

十八世紀末，普魯士（Prussian）軍隊的射擊模擬展現了滑膛燧發槍機的主要缺陷。他們讓一營的步兵向一個30公尺長、高度為1.8公尺的目標射擊，以此模擬敵軍部隊行進的狀態。當步兵至205公尺處的命中機率為25%；137公尺的位置命中率提升至40%；距離已到69公尺時，命中率仍只有60%。真實戰場的命中率可能更低。這也讓西元1775年碉堡山（Bunker Hill）戰役中美軍指揮官下了的著名射擊命令：「在沒看到他們的眼白前不要射擊」，這句話也可能是後來杜撰。西元1705年，法軍於布倫海姆（Blenheim）作戰時，一直等到帶兵的英國軍官以配劍砍擊他們的防禦工事（也就是槍口前9公尺）時，才開始射擊。

指揮官並不太擔心射擊準確率，但十分在意彈藥數量。因而，努力操練槍手正確裝填與擊發顯得益發重要。然而，即使將一把棕管槍交給訓練精良的槍手，仍然需要40秒來完成裝填與射擊。因此，一名士兵很難在敵軍逼近到近身搏鬥的距離前，完成五回以上的射擊，況且在戰場的巨大的壓力之下，很少士兵能流暢地持續射擊。古維翁・聖西爾元帥（Marshal Gouvion Saint-Cyr）估計在拿破崙戰爭（Napoleonic Wars）中，全法國步兵有四分之一的傷亡來自於後方友軍的「友方射擊」（friendly fire）。西元1863年，蓋茨堡（Gettysburg）戰役後回收的數百支火槍中，膛內都塞有超過一發的彈藥，也說明了隨著戰爭開始，士兵便張慌失措而裝填失誤。

膛線

燧發槍是前膛式（muzzle-loaded，從槍口裝填彈藥）的火槍，很不適合使用膛線技術（在槍膛裡刻上能讓子彈旋轉，以大幅增加射擊準確度的螺旋溝槽）。雖然後來也有具膛線的燧發槍，但它們不僅昂貴又難以裝填彈藥（子彈與槍管需要完美緊貼槍膛，因此需要推桿施力裝填），主要僅限於打獵。而獨立戰爭（Revolutionary Wars）時，精銳槍手鍾愛的美國肯塔基來福槍（Kentucky rifle）則是個著名的例外，它創造了當代火槍射擊技術的輝煌紀錄，曾有一位不列顛軍官報告，一名來福槍手從366公尺的距離擊中了麾下傳令兵的馬匹。

燧發槍機

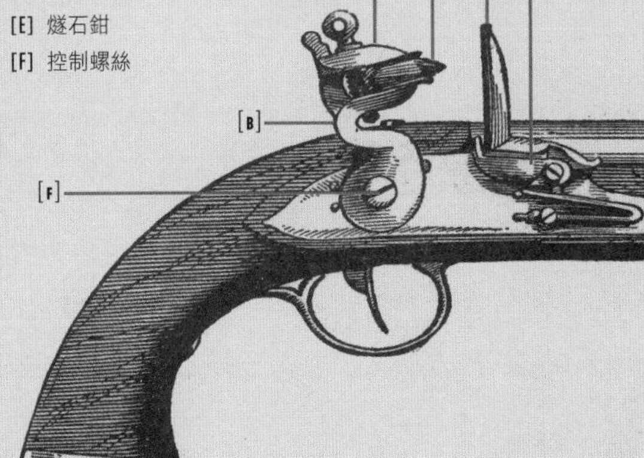

燧發槍機比火繩槍機輕，而擊鐵與藥鍋蓋的組合機械的製造也比簧輪槍機容易且便宜，同時加蓋的藥鍋讓槍手可以在潮溼的天候下射擊。燧發槍機也在「半預備射擊」的狀態，可先裝填好火藥彈丸等待擊發。這種預先裝填好的槍支便在完全備射的狀態，有利於快速部署。這些優點克服了前膛式武器由來已久的備射問題。燧發槍機瘋狂地流行且非常耐用，從約西元1650年到十九世紀中葉一直都是西方世界主要的步兵武器，在世界其他地區的使用時間可能更長。

重點特徵

燧發槍機的機制

燧石以鉗子固定，再以控制螺絲（Tumbler screw）調整鬆開或夾緊。當槍在預備射擊（cocked）狀態時，燧石夾（cock）會被向後拉。當板機扣下後，燧石夾隨之落下，讓燧石擦撞擊鐵表面，並產生火星散落到下方的藥鍋，接著引燃火藥。

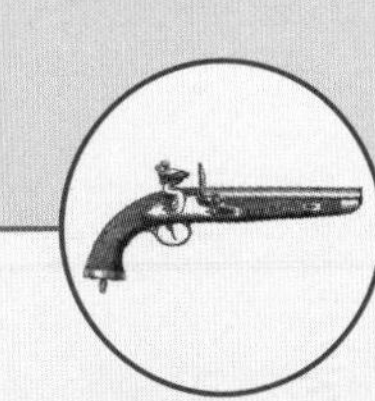

發明者

Swiss engineer Jean Maritz

瑞士工程師尚・馬利茲

野戰火炮
Field Artillery

社會
政治
戰術
科技

種類
火炮

西元1755年

一直到西元十七世紀，火炮（加農炮）發展才算初具雛型。當時炮彈還無法與炮膛十分貼合，因此需要非常大量的炸藥推動炮彈。這意味著炮管必須又厚又重，導致只有攻城戰才比較適合使用。西元1512到1812年間，軍事的變化微乎其微，然而此時出現了一個改良產品，它深深地影響了戰爭的本質，以及隨之而來的戰爭傷亡人數。

輕量級

野戰火炮是一種重量輕且機動性佳的火炮，使其在戰場能有效率地完成部署。西元1525年的帕維雅戰役中，由於火炮太過沉重以至於無法在戰場上扛起決定性的角色（第77頁）。不過到了十七世紀早期，這種情況開始有了轉變。

西元1618至1648年的三十年戰爭，瑞典國王古斯塔夫・阿道夫身為一名傑出的戰場指揮官，他率先採用野戰火炮，並喜愛使用數量較多的輕型火炮。以往伊莉莎白一世的軍隊使用的是總重超過2公噸的三十磅炮（磅數為炮彈重），而古斯塔夫用的是重量只有55公斤的三磅小炮，又稱皮炮（leather gun），只需要兩匹馬牽曳，而非之前重炮所需要的十四匹馬。過去軍隊中每一千人才會配備一門重型加農炮，但是古斯塔夫的部隊每一千人就配有六門九磅半的蛇炮（demi-culverin）與兩門四磅炮。這些使用霰彈（canister）的輕型炮攻擊目標是步兵，而非堡壘要塞。當時礙於火炮技術的限制（射程與準確度），使得阿道夫費盡心力才能將敵軍引誘到野戰火炮的射程內。而大量使用輕型火炮已成為一種趨勢。

在十八世紀早期，俄羅斯人將重達1,835公斤的十二磅炮減輕到491公斤，而且到了西元1713年，他們擁有多達一萬三千具火炮。其他指揮官也開始試圖追隨古斯塔夫的腳步。在西班牙王位繼承戰爭（War of the Spanish Succession）中，馬爾伯若（Marlborough）從他的「停炮場」（artillery park）調遣火炮隊配屬給步兵團。西元1704年布倫海姆戰場中，雖然法國火炮的火力優勢勝於同盟，不過馬爾伯若的輕型火炮卻是贏家，當時每座英國與荷蘭的步兵營都配備了兩門三磅炮。同盟炮兵以更富機動性的輕炮兵壓倒法國重炮兵，最後摧毀了九座法軍步兵營。

到了七年戰爭（1756至1763年），普魯士的腓特烈大帝（Frederick the Great of Prussia）將火炮的成功更往前推進一步，甚至讓許多人認為他才是真正的野戰火炮之父。腓特烈創立專門的騎炮兵（horse artillery），強化了炮兵在部隊中的地位，建

約翰・邱吉爾（John Churchill），第一代馬爾伯若公爵，被部分歷史學家認為是不列顛最偉大的將軍。

立一支可以將火炮迅速帶到戰場各處的機動預備隊。

成堆的死屍

西元1755年，科學技術的突破一齊誕生，重量輕、機動性強，但又不須犧牲火力的野戰火炮終於出現了。瑞士工程師尚・馬利茲發展出一種能使炮彈與炮管更為貼合的新式膛管技術。因此可以較少的火藥產生同等的推動力（炮彈與炮膛呈氣密狀態不致漏氣），炮管的膛壁便可變薄。當法國軍官尚・格里布華勒（Jean Gribeauval）成為炮兵督察後，他緊抓新技術帶來的機會，設計出結合更輕的火炮、牽引車以及炮架的標準化系統。以往典型的炮隊需要成打的馬匹，現在只需要六匹馬，這個系統一直穩定運作到第二次世界大戰，當時馬匹被曳引機（tractor）取代。

格里布華勒的改革在拿破崙時代嘗到成功的果實，此時拿破崙也證明了自己是最優秀的野戰炮術大師。西元1792年，在瓦爾密（Valmy）的法國大革命第一場戰事中，炮兵的對戰並非沒有明確的贏家。拿破崙在戰後發覺：「如果想由炮兵獲得決定性的戰果，就必須像其他軍隊一樣，集結成隊列作戰」。因此，他將火炮集中編成一支多達一百門火炮的炮隊，盡可能地將它們部屬在最靠近敵陣之處。如此巨大的火炮陣型將產生壓倒性的效果。

西元1812年，博羅季諾（Borodino）戰役中，俄國炮兵軍官羅多希斯基（Radozhitzky）記錄了法軍的猛烈炮火與俄軍的反擊：「一波波攻勢是如此頻繁，攻勢

擲彈兵（grenadiers）擁有自己的火槍、勇氣與右手。藉著驚人的膽量，他們衝入如燃燒中火山口……衝入奧地利鋼鐵機械的喉嚨，它噴灑出波濤般的猛烈炮火殺害了大多數士兵。整個連隊、整座軍團的士兵在殘酷的八百碼內被一一掃倒。

——托馬斯・卡萊爾（Thomas Carlyle）論托爾高戰役（Battle of Torgau），《普魯士腓特烈二世史》（*History of Friedrich II of Prussia*, 1760）

滑鐵盧戰役全景描繪圖，威廉沙德勒（William Sadler）繪製。

之間根本沒有間隔。它們很快就變成暴風雨般的持續嘶吼，並且製造出人工地震」。最後，這場戰事總共發射了約十二萬枚炮彈。尤金・拉波姆（Eugene Labaume）描述成堆死傷者間狹小的空隙：「到處都是各種武器殘骸、頭盔、胸甲或炮彈破片，就好像兇猛風暴肆虐後留下的冰雹殘跡」。

弗里德蘭（Friedland）戰役便是拿破崙野戰炮兵統御技巧的經典例子。法軍炮兵指揮官席納蒙（Senarmont）將軍把火炮從離俄羅斯人六百步的距離，漸次移至三百五十步、一百五十步、到最後僅僅六十步時，終於把俄國步兵引誘進阿里河（River Alle）彎道。之後齊發的霰彈造成慘重浩劫。俄軍的傷亡率達百分之五十，失去了兩萬五千名士兵，而法軍的傷亡人數只有八千名，僅損耗百分之十的兵力。不過，騎炮兵真正在戰場上成為決定性的角色，還要等到滑鐵盧（Waterloo）戰役。

滑鐵盧戰爭中，拿破崙搬出數量更多、尺寸更龐大的火炮，形成壓倒性的火力，但是在馬瑟爾（Mercer）與布爾（Bull）帶領下的不列顛騎炮兵適時地加入，在近距離炸垮了法國騎兵。馬瑟爾以「築起一堆又一堆的屍體」描述他的炮火如何摧毀對方。威靈頓（Wellington）欽佩地評論：「這就是我想要看到的騎炮兵作戰」。在拿破崙戰爭（Napoleonic Wars）中，我們看見傳統銅或鐵製的野戰火炮最後一次扮演炮戰主力。西元1850年代，不銹鋼炮現身，使得後膛填裝（breechloading）的火炮武器成為可能，此為火炮武器的一大進展。

發明者
The Swedes?
瑞典人？

榴彈炮
Howitzer

社會
政治
戰術
科技

種類
火炮

西元十八至二十世紀

榴彈炮介於加農炮與迫擊炮（mortar）之間。加農炮用於直接攻擊城壁或敵軍行列，需要依靠清晰且規則的彈道與目視可見的視野，有著長射程但口徑相對較小的炮彈；迫擊炮則必須將大口徑的炮彈設於短距離，並以拋射方式越過障礙，迫擊砲必須相當靠近目標。榴彈炮有著相當長的射程，但能擊發相當重的炮彈，因此可由離前線較遠的後方投射炮彈越過障礙。以口徑來說，榴彈砲較為輕盈且短小，保有相當的機動性，不僅可當攻城炮，也可以戰術支援步兵。

胡斯的榴彈炮

榴彈炮的名稱源自一種安裝在推車上的中型口徑加農炮，西元1419至1434年間的胡斯戰爭中，胡斯教徒使用的早期火炮，當時稱做houfnice，德文為haubitze，而荷蘭文則是houwitser。十七世紀中期，類似迫擊炮與加農炮混血設計的現代榴彈炮現身，可能來自瑞典。西元1695年，這個字彙開始出現於英語世界，到了西元1704年，馬爾伯若將它列入攻城武器隊列之中。雖然有20.3～25.4公分的大口徑，這種炮卻十分輕盈，只要六匹馬就可以拉動，而一具六磅加農炮則需要十三匹馬拉動。

西元十八世紀，在格里布華勒的改革之下（第96頁），法軍採用了各種口徑的榴彈炮，此時普魯士軍隊使用的則是十磅與十八磅的榴彈炮。到了西元1760年代，普魯士軍隊的營隊炮也已採用七磅的榴彈炮，以支援步兵；其所搭配的小型拖車讓戰場上的機動性更高，而火力足以將炮彈拋射越過行進中的前列步兵，直抵敵陣臨時防禦工事的後方。攻城時，因榴彈炮比迫擊炮更容易移動，能逮到機會就重新部署以鎖定目標，例如瞄準試圖修復城牆的守城部隊。

到了十九世紀，各種口徑的炮彈紛紛出現，在繁複如交響樂般的戰事中，扮演各式樂器。西元1812年的巴達霍斯（Badajoz）攻城戰使用了三種口徑的炮彈：小型的5.5吋炮針對守軍士兵，重型的二十四磅炮轟擊城池堡壘，而中型十二磅炮則在攻擊要塞缺口時提供掩護火力。

大與小

一直到了十九世紀，榴彈砲仍參與戰事。其中的山地榴彈炮是非常輕巧的榴彈炮型式，例如僅有89公斤的精巧十二磅炮，可以拆解成小組件讓騾子運送。也有人認為山地榴彈炮是西元1843年美西探險時第一種橫越北美的車輛。

南非波耳戰爭（Boer War, 1899-1903）

目前砲兵在行動中特別受到關注的情形，很快就變得很普遍。榴彈炮的沉重聲音與加農炮尖銳的回響混在一起……即使從容謹慎地瞄準，卻無法一直保持準確。

——E.C.哥頓（E.C. Gordon），西元1861年在南北戰爭擔任榴彈炮手時，寫給兄弟的家書。

中，波耳人將榴彈炮運用得宜，而戰後不列顛軍隊的指揮軍官也將榴彈炮的優勢帶回英國。西元1908年，不列顛部隊核配了自家的11公分口徑新型榴彈炮，它們一直持續服役至第二次世界大戰。

第一次世界大戰開始時，真正駭人的火炮武器隨之發展。其中最有名的是德國列車炮（railroad gun）大貝莎（Big Bertha），有著43公分的口徑，炮彈重達780公斤，射程15公里遠。根據《英國軍事行動：法國與比利時，西元1915年》（*British Military Operations: France and Belgium 1915*）一書：「這些炮彈穿越空中時，伴隨的噪音就像來自行駛在軌道沒有鋪好的電車」。大貝莎的名字源自德文Dicke Bertha，以紀念克魯伯（Krupp）軍備公司的繼承人貝莎・克魯伯（Bertha Krupp）。最初，他們建造了四座這種巨型怪物，目的是為了摧毀比利時人建造的鋼板加蓋碉堡。例如列日（Liège）一帶的這類碉堡，很快地就被這種巨炮轟潰了原本無堅不摧的鐵壁。

戰事結束之前，還曾有更大的榴彈炮誕生。不列顛訂購了幾具口徑46公分的榴彈炮，然而在戰爭終止前，這些榴彈炮還沒來得及送達前線。目前，仍有一座留存下來，是僅存於世上的十二座列車炮之一，它重達190公噸，重量相當於十七輛學校巴士。

到了二十世紀，榴彈炮繼續進化成為加農榴彈炮（gun-howitzer，相較於傳統榴彈炮，此種火炮接近直線射擊），仍是現代武力的臺柱之一。例如，美國海軍陸戰隊使用M777輕量155毫米榴彈炮，他們認為M777提供海軍陸戰隊步兵適時、準確且持續的火力，再加上M777輕重量與極易部署的特性，它可使用7公噸卡車拖運或以直升機吊運。加農榴彈炮可攻擊正向斜面（forward slope，向下至敵營的坡面）與反向斜面（reverse slope，向上至敵營的坡面）。因此在現代戰爭中，加農榴彈炮很適合類似阿富汗戰場的地形，可同時滿足攻擊山丘後方軍事單位，以及直接攻擊目視目標的需求。

結構分析

榴彈炮

[A] 炮管
[B] 復進機
[C] 炮膛托架
[D] 固定鏟
[E] 底架
[F] 套筒
[G] 炮膛（套筒與炮管）

重點特徵
炮彈

比起一般炮彈，榴彈炮更常使用可爆炸彈頭。爆炸性彈頭是一種內裝火藥的鐵球殼，再連出導火線。西元1588年，西班牙人包圍荷蘭瓦騰東克（Wachtendonck）要塞時，第一次使用這種炮彈。他們也使用燃燒至紅熱的金屬炮彈，投入城內引火。今日的榴彈炮彈已有驚人的射程與準確度。

榴彈炮是一種可將炮彈以高彈道射擊的大炮。射擊構造簡單，與現代加農炮有部分相同特徵，如炮膛（barrel）、炮膛托架（cradle）、炮軸（trunions）與炮架。後膛（breech）與空氣回彈系統（pneumatic recoil systems）對榴彈炮的設計與實際效力具重大影響，但榴彈炮系統最重視的要素之一與組成零件無關，而是企圖將彈道表的範圍超越視線，以及「超越地平線」。

24

發明者

Johann Nikolaus von Dreyse

約翰・尼可拉斯・馮・德雷賽

撞針槍
Needle Gun

社會
政治
戰術
科技

種類

栓式後膛膛線火槍

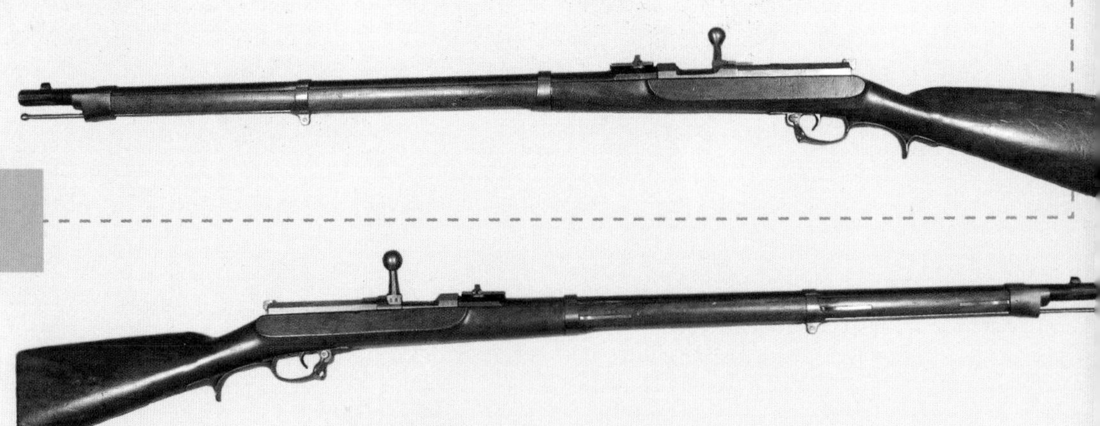

西元1836年

德雷賽「撞針槍」(Dreyse needle gun 或 Zündnadelgewehr)是一款早期、危險且問世沒幾年便被淘汰的槍械，然而它仍是歷史上最重要的火器之一，深深影響現代戰爭的發展，並開啟一段令人戰慄的大規模屠殺時代。

三重威脅

撞針槍具有許多革命性的高水準表現，包括身為第一種可大量生產、廣泛易得的槍械，更整合了膛線、後膛裝填與子彈(cartridge，譯注：將彈頭與火藥整合成一枚子彈)等設計，解決了自火槍問世以來始終困擾使用者的所有嚴重缺陷。從前的前膛裝填限制了射擊率，重新裝填彈藥時必須使用裝填桿，因此槍手必須起身站立，曝露於敵火之前。再者，火藥、彈頭與底火都得分開依序裝填，裝填速度之緩慢可想而知。前膛裝填也使得槍管對子彈而言相對寬鬆，否則很難裝入子彈，因此也限制了設置膛線的可能，而只能使用滑膛(無膛線)槍管。滑膛槍的準確率無可救藥地低，槍管與子彈間寬鬆的空間，也讓火藥引燃產生的爆炸氣體趁隙洩漏出去，平白浪費了許多推力。

為了克服這些缺點，必須開發一種能在槍膛尾部底端或側邊開孔裝填子彈的槍械。而子彈本身可以緊密切合刻有膛線的槍管，以提升準確率與射程，同時達到更高的射擊速率，並且不須起身站立裝填彈藥。這些誘人的優勢面前卻隔著一些技術障礙。一顆好的子彈要能瞬間引燃火藥，讓火藥快速均勻地往同方向爆發燃燒；另外，刻了膛線的槍管只有在搭配後膛裝填才能算是實用的設計，然而後膛裝填的相關技術在當時是最難達到完美的部分。

雖然這些技術早前已經發明，其中兩種更是已經發明了數百年之久。約於西元1700年左右，第一支成功的來福槍(刻有膛線的步槍，原自德文riffeln，刻上溝槽之意)已經發明，但除了某些例外(第92頁)它的用途僅限於打獵，因此裝填的困難度並不是太重要。

到了十九世紀中葉，來福槍已經擁有過去不能企及的準確度。西元1860年，維多利亞女王親自使用全新的韋斯爾斯來福槍(Whitworth rifle)為一場射擊比賽開幕：她開出一發該競賽有史以來最準的一槍。最早的火藥包裝出現於十六世紀，以摺紙

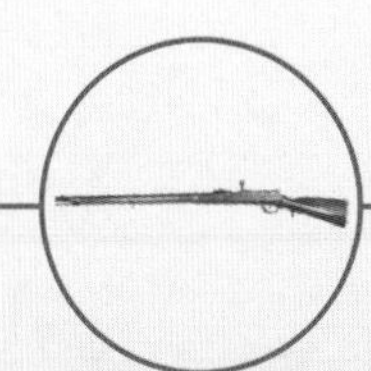

火藥包的方式提供火槍使用；到了西元1600年代，彈丸開始與火藥包一起包裝；十七世紀末，士兵用槍的標準程序是用牙齒撕破紙子彈的彈丸端，將火藥倒入槍管，再將彈丸塞入槍管夯實等待射擊。

後膛裝填技術曾在十四世紀試用於火砲（第107頁）。也有人認為是李奧納多・達文西在西元1500至1510年間出版的《大西洋古抄本》（*Codex Atlanticus*）中，發明了一種重型火繩槍，其槍管底部可以旋開供裝填，這種結構也稱為「閉鎖式」（turn-off）後膛。而藉由旋轉槍管後面的螺栓以開關的後方裝填槍膛，可能早在十六世紀便發明了。但是它的首次成功軍事應用，則是在蘇格蘭人派翠克・佛格森（Patrick Ferguson）上尉於西元1776年專利發明的來福槍。西元1812年，瑞士製槍工匠約翰尼斯・包利（Johannes Pauly）發明一種使用紙子彈的鉸鏈式槍管後膛槍，在某次展示中創下一分鐘二十二發的驚人成績。不過那是支獵槍，後膛槍與子彈真正在戰場上合作成功，還得等到撞針槍出現。

秘密武器

包利在巴黎的製槍廠裡工作，廠裡一名普魯士員工叫做約翰・尼可拉斯・馮・德雷賽。西元1836年，他發明了世上第一把附膛線栓式後膛步槍，這個新型槍械系統將成為全球所有軍力使用來福槍的標準，至今於獵槍或射靶運動槍仍有使用。後膛開啟、關閉與上鎖可一次完成於類似門栓的扣栓設計。撞針槍得名自扣栓中細長的彈簧裝填針。將扣栓向後拉的同時，也連帶扳起了射擊針，而扣發板機釋放的彈簧則推動撞針前進，刺破槍膛內的紙子彈。在此同時，撞針也敲擊了一片子彈火藥包中央的引信以點燃火藥，結果就是使一顆15.2公釐口徑的彈頭，快速沿著刻有膛線的槍管射出。至此，德雷賽的這把槍終於真正實現後膛裝填、彈頭火藥合一的子彈，以及膛線的整合。

不過撞針槍離完美還有一段距離。後膛封閉緊密程度尚不足以阻止爆炸產生的熱空氣外洩。特別是撞針因暴露於火藥產生的侵蝕性氣體而脆弱易斷。此槍的第一代產品十分不安全，某次出席向普魯士軍隊的展演時，德雷賽便是手臂包著繃帶出現，那是展演時上膛的子彈意外爆炸所傷，他被要求改善設計後再回來展示。

事實證明他成功了。西元1841年普魯士軍隊採納撞針槍做為制式武器。高層軍官對它的潛力感到興奮：前膛裝填火槍

沒有人能挺過這波急速射擊。

——奧地利黑與黃（Black and Yellow）旅中士，於薩多瓦戰役後，西元1866年

每次射擊的時間裡，撞針槍可以擊發四至五次，還可以採俯臥姿勢重新裝填。一開始，他們試圖隱藏這種槍枝的核心技術，結果它在戰場展現的強大威力，仍然引起歐洲其他國家注意。

快速射擊

這種新式火槍的強大火力，最早在西元1864年第二次什列斯維格（Schleswig）戰爭中的一場小型遭遇戰，也就是倫比前哨戰（Lundby skirmish），展露頭角。當時步兵最極致的戰術公認是法國人發明的突襲策略，這種戰法可以讓火槍齊射（volley）的戰術無用武之地。當時火槍普遍準確度低劣，重新裝填又十分耗時，因此衝鋒的步兵在衝到敵軍前時，可預期只會遇到一次傷害性不大的齊射。因此，法軍多次利用兇猛的刺刀衝鋒打擊敵人並得到空前勝利。到了第二次什列斯維格戰爭，當時丹麥正與奧地利及普魯士軍隊敵對，而前兩者此時仍執著於突襲策略。倫比前哨站時，當一組丹麥士兵衝向配備撞針槍的普魯士軍隊，才理解到火槍射擊的情勢已經徹底改變。普魯士軍可以快速地射擊與瞄準，沒有停頓與間歇。丹麥軍慘遭掃蕩，僅二十分鐘的時間便損失半數士兵，而普魯士軍只有三名士兵受輕傷。

倫比前哨戰已引起他國注意，但直到西元1866年，奧地利與普魯士之間的七週戰爭（Seven Weeks' War）後，大家才真正學到教訓。當時，表現優異的普魯士軍隊，將領導無方的奧地利軍包圍於薩多瓦（Sadowa），配備前膛槍的奧地利軍隊發起了勇敢的正面攻擊，卻被握有撞針槍的普魯士軍隊以恐怖凌厲的槍火擊潰。

七週之間，普魯士取得了五百萬百姓與兩萬五千平方英哩的領土。邱吉爾後來這樣寫道:「一陣寒顫傳遍法國」。這場戰事的餘波之下，所有歐洲軍隊趕緊配備後膛來福槍。瑞典人採用海格斯壯（Hagström），義大利人使用卡爾卡諾（Carcano），法國人的則是裝配夏斯波（Chassepot），特別是後者遠勝於撞針槍，它的後膛更安全，射程更遠，準確度、可靠度與射擊頻率更高。到了1870至1871年間的普法戰爭時（僅第二次什列斯維格戰爭的六年後，七週戰爭的四年後），撞針槍已經遭到淘汰，但它也已完全改變了人類戰爭的樣貌。

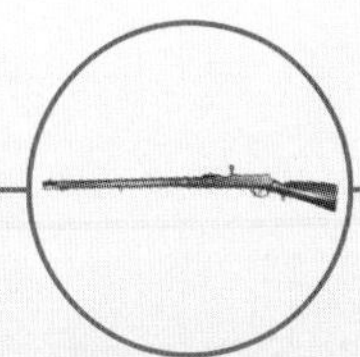

25

發明者

William Armstrong

威廉・阿姆斯壯

後膛裝填野戰火炮

Breech-Loading Field Artillery

社會

政治

戰術

科技

種類

火炮

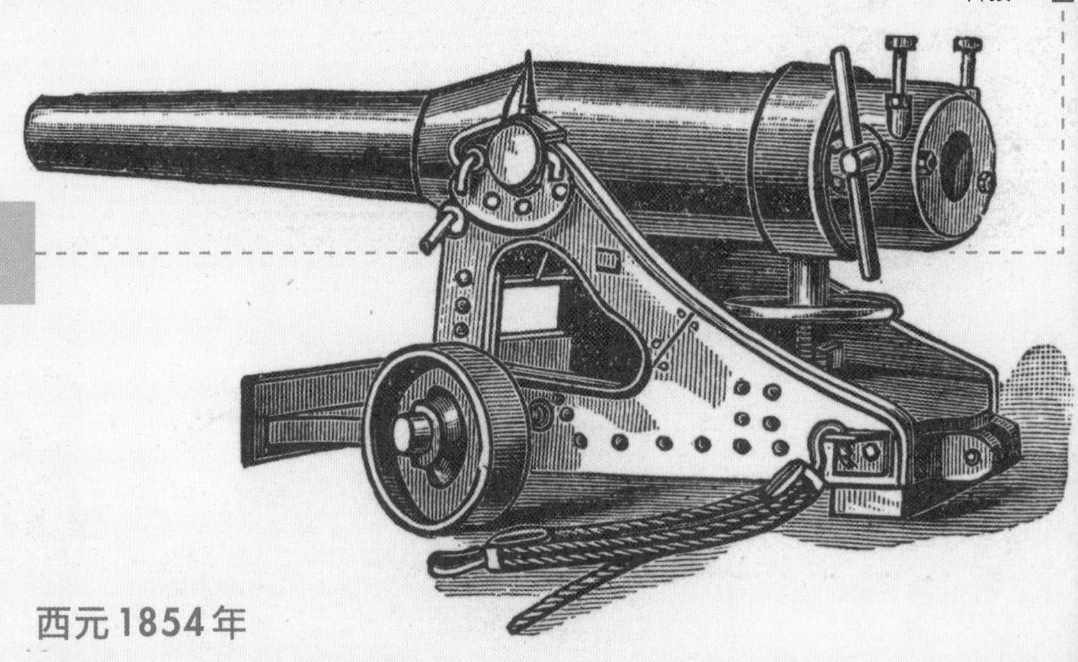

西元1854年

野戰炮與火槍的發展相互平行，但是更巨大與威力更強的加農炮也帶來更艱困的技術問題，以至於火炮的發展遭到延宕。然而從十九世紀起，一系列創新發明打造出更強大以及發射速度更快的加農炮，成就了這個年代最具殺傷力的武器。

密閉問題

加農炮就像是火槍，一樣有滑膛與前膛裝填炮管的技術缺陷。後膛裝填配合膛線，能提供長射程、高準確性以及快速射擊的保證。的確，許多早期加農炮採用後膛裝填，有著放在火炮後方、能裝載火藥的拆卸式火藥室，以木楔敲入固定。皮爾里（perrie）是這種火炮的典型代表，它是一種在百年戰爭中使用的輕型後膛裝填火炮。然而，當火炮威力增強後，密閉（指炮膛密閉性，防止火藥爆炸產生熱氣外洩）不良的問題也跟著浮現。幾世紀以來只有單體式金屬鑄造槍炮可以應付得了爆炸壓力。法國的夏斯波（chassepot）以火槍的橡膠密封圈解決此問題，但是加農炮需要更強悍耐用的裝置。

在同一時代裡，幾種技術的革新改變了拿破崙時期加農炮的性能。膛線提升了準確率，熟鐵則替代了鑄鐵。到了1840年代，比鑄鐵炮還優異的熟鐵炮已經普遍，但此時全世界正因另一種倍受矚目的加農炮，而忽視它。

這眾人關注的設計便是套筒炮，套筒炮的出現源自於當代科學理論應用於槍炮設計與建造。套筒炮是一種以數個同心圓套管組成，以強大的力量緊箍炮管，形成一個瓶狀加農炮。威廉・阿姆斯壯於西元1854年設計並打造出附膛線的套筒式後膛加農炮。他的炮並不算首創，西元1846年義大利的卡威里（Cavelli）便發展出結合膛線與後膛裝填的火炮，而英格蘭約瑟夫・威沃斯（Joseph Withworth）的同類型三磅炮則可在射程達6,400公尺的狀態下，擁有驚人的準確度。然而，阿姆斯壯的火炮卻最為成功，它是第一種被野戰部隊與海軍普遍採用的火炮。此火炮的炮膛在尾端，以鋼製火門鎖栓（vent-piece）放入栓槽中鎖緊炮膛，並用螺栓固定。兩年後，德國的炮匠阿弗萊德・克魯伯（Alfred Krupp）研發出不同的後膛裝填膛線加農炮，以鋼製成。

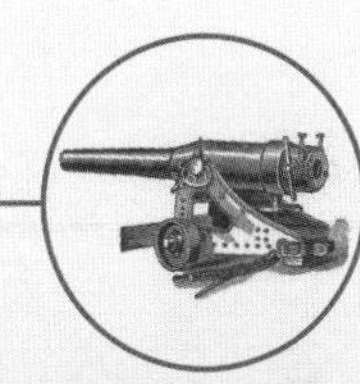

在凋敝殘破的巴澤耶（Bazeilles），有一位村民守衛著通往色當鎮的道路，普魯士的後膛裝填野戰火炮將在那裡擊潰法軍。

鋼製火炮

鑄鋼的強韌是熟鐵的兩倍、生鐵的四倍。自鐵器時代起，鋼便為人熟知，但形成原理仍不明朗，只能依靠運氣生產且產量稀少。德國火炮工匠兼發明家斐德列克・克魯伯（Friedrich Krupp）熟知鑄鋼的技藝，其子阿弗萊德（Alfred Krupp）更被譽為加農炮之王。西元1851年，他在倫敦舉辦的萬國博覽會（The Great Exhibition）展示了比過去火炮還要輕盈的鑄鋼三磅炮。然而，由於對鋼易碎的疑慮，以保守著稱的各國火炮高層人士保持遲疑態度。

克魯伯與阿姆斯壯兩家的火炮都利用軟金屬圈進行密封，但阿姆斯壯的密封無法承受較大的衝擊。再者，膛線加農炮使用長型的圓柱狀炮彈，比滑膛火炮的球狀炮彈更為沉重，因此部分早期後膛裝填膛線炮彈，其炮口初速比同時期的前膛炮還慢。由於衝擊能量決定於投射物的質量乘上速度的平方，所以投射物的速度比質量重要得多。以較長的彈道來說，較重且氣體動力（aerodynamic）較高的膛線加農炮彈比球狀炮彈更能保持速度，但是以短距離來說，前膛裝填彈頭可提供較高的衝擊力。因此，不列顛部隊曾一度回過頭來使用滑膛火炮。

隨著科技持續快速發展，間斷式螺紋後膛（interrupted screw breech）巧妙地加速後膛關閉速度。炮膛尾部與後膛炮栓本來都刻有螺紋，自此不再需要從炮膛外側持續旋轉炮栓，直到轉進底部，這兩個元件的部分螺紋被去除，讓鉸鍊上的後膛栓塞得以一次旋轉，就將所有螺紋卡對位置，完成固定閉鎖。此種閉鎖方式來自於法國軍官夏爾・哈貢・德邦（Charles Ragon de Bange）發明的香菇狀密閉栓。克魯伯炮則是使用不同系統，它利用一個滑動式

……一個人無力地注視著一具未被移動且仍完好的屍體，
那些被炮火摧殘的人們……

——色當戰役的普魯士觀察員，西元1871年

後膛與一具金屬彈匣。當彈匣內的引藥點燃後，銅盒開始在炮膛內部膨脹，形成密封狀態。此時，後膛裝填膛線火炮已然發展成熟，西元1861年普魯士軍開始採用，俄羅斯軍於1867年啟用，美國則在隨後的1870年開始使用。

在便盆中

法國人也有自家發展的新火炮，但比起普魯士軍配備的克魯伯鋼製火炮，只能說是一敗塗地。西元1871年普法戰爭的高潮——色當（Sedan）戰役中，兩方火炮威力差距表露無遺。此戰役中，野戰火炮重新贏回拿破崙時代前的霸主地位。當法軍被逼到了山丘環繞的色當鎮，周圍高地部署的五百門克魯伯鋼製火炮一齊發射，法軍頓時被轟得體無完膚。當時的法國將軍杜克洛（Ducrot）說：「我們就身在一個便盆裡，而糞便正要落下」。

另一項火炮面臨的技術挑戰是反作用力。一門典型的大型滑膛加農炮完成射擊時，會退後約兩公尺，因此每次射擊後都須重新擺放，也就是必須再次瞄準。吸收與儲存反作用能量的機械設計發明後，便能利用後座力反推火炮歸回定位，從而就解決了這項問題。

新型無煙火藥則是火炮發展的最後一塊拼圖。由於新型無煙火藥的燃燒速度較慢且較易掌控，因此，爆發的火燄能均勻散布在整個炮膛中，任一壓力不會在任何一處累積得太過極端，以達到更大的推進力量與更高的炮口初速。自此，射程更遠、炮管更巨大的火炮就可以帶著厚重、難以牽引的笨重後膛。

西元1897年，種種先進技術的革新全部整合到一款新型火炮——法國75公釐炮（soixante-quinze，或75公釐M1897型加農炮）。藉由液壓氣動反衝（hydropneumatic recoil）機制、間斷式螺紋快速後膛裝填系統，以及定裝式（藥彈合一）炮彈等技術的整合，它可以一分鐘內射擊十五發炮彈，並全數命中目標。二十年後，此款火炮仍被視為世上最好的火炮，美軍與法軍都採用它，德國人與俄國人也開發出類似的火炮。拿破崙時代火炮造成的傷亡比率一度高達60％，但到了西元1877至1878年的俄土戰爭（Russo-Turkish War）時，卻降到了2.5％。但隨著1897年新型火炮的發明與普及，第一次世界大戰的西方戰線火炮傷亡率又重新跳回60％。

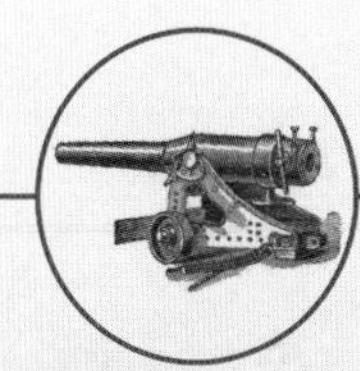

發明者

Richard Jordon Gatling

李察・喬登・加特林

加特林機槍
Gatling Gun

社會

政治

戰術

科技

種類

快速連發火槍

奇想突然浮現，如果我能發明一種機器，一種可以快速開火的槍，它將能在戰場上以一當百，那麼也許當它發揮最大潛力時，將可取代大型部隊。

——李察・加特林，西元1877年

西元1861年

正當美國南北戰爭如火如荼地進行，來自北卡羅萊納州梅內斯奈克（Maney's Neck）的李察・喬登・加特林開發出一種新型野戰武器，由一個掛有六個槍管的旋轉圓柱構成，這種武器成為當時正值工業時代轉型的軍事象徵。但直到西元1866年才為美國陸軍接受，第一筆採購（十二門，每門一千美元）於1864年來自聯邦（Union，北方政府）少將班傑明・巴特勒（Benjamin Butler）。接下來幾年的採購則多數來自歐洲政府。

李察・喬登・加特林

快速開火

西元1861至1865年，美國南北戰爭展示了工業革命帶來的大量軍事改變。通訊的改善助長了以軍（Corps，約四至八萬人）為單位的靈活攻擊，防禦技術則有壕溝網絡與帶刺鐵絲網等。加特林機槍雖然在南北戰爭期間沒有被廣泛運用，它卻能讓少數戰鬥人員產生毀滅性的密集火力。

雖然發展初期過後的加特林機槍，具有相當的可靠性，但它在惡劣地形卻缺乏足夠的機動性。這也許就是為什麼喬治・阿姆斯壯・卡斯特（George Armstrong Custer）在出發前往小大角河谷（Little Bighorn River valley）時，並未令待命的加特林機槍連隊跟在身邊，若是當初他的麾下擁有可怕的加特林機槍火力，戰事結果將會相當不一樣。另一方面，西元1898年間美西戰爭（Spanish-American War）中的福特戰役（Battle of Bloody Ford），加特林機搶可謂是決定性的關鍵角色，當時陸軍第五軍團的加特林機槍分遣隊在十分鐘裡射擊了一萬八千發子彈，一舉將戰事浪潮反轉，拯救了許多美國人的性命。

不過，當時加特林機槍就已經開始式微。馬克沁自動機槍（Maxim gun）的出現取代了它，加特林的訂單也隨之越來越少。加特林機槍的發明人於西元1903年過世，這款槍在問世的十年間就被淘汰。即便如此，加特林機槍仍樹立起工業國家的崇高地位，它提升了殖民軍隊的戰力，以強化的火力彌補人力有限的缺陷。加特林機槍與它的後繼者在據點進行部署時，就能發揮最大戰力，讓部隊受側翼攻擊的危險大幅減低，而交叉火網配置也能使機槍的殺傷力進一步躍升。這種轉而著重防禦性與定點式部署的機槍戰術，是第一次世界大戰法蘭德斯（Flanders）前線壕溝成為著名殺戮戰場的主因之一。

27

發明者

Hiram Maxim

海勒姆・馬克沁

馬克沁機槍

Maxim Machine Gun

社會
政治
戰術
科技

種類

重型機槍

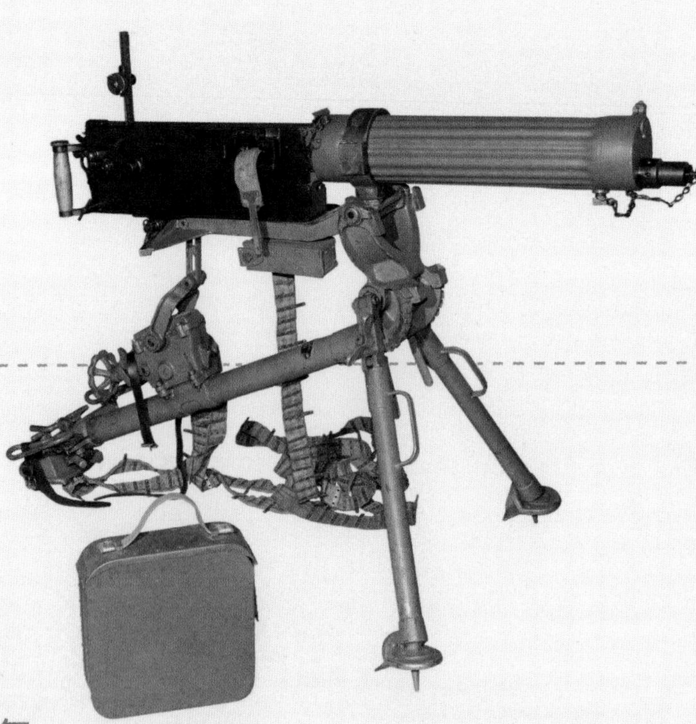

西元1884年

西元1885年海勒姆・馬克沁發明了第一款全自動機槍，可以擊發、排出彈殼，接著再裝填、擊發，能無限地重覆以上動作，直到鬆開板機或彈藥用盡為止。如此一來，一名操作者便擁有四十名槍手的火力。一名熟練的步槍手可在一分鐘內射擊十五發子彈，但一名機槍手能同時擊出六百發子彈。當時的軍事智囊並未領略到戰爭的本質已經改變，這個失誤導致了恐怖的後果。

海勒姆・馬克沁

錯失良機的法軍

在槍支的早期歷史中，能連續射擊或同時多發射擊的實驗性武器已現身，然而第一架實用的機槍，則是在西元1851至1869年法國誕生的米特留雷斯機槍（Mitrailleuse），由比利時人法芙香普（Fafschamp）與蒙蒂尼（Montigny）在拿破崙三世（一名熱衷槍砲技術的學生）的資助下發明。最初的米特留雷斯機槍配有三十七支槍管（後來減為二十五支），重達1公噸，安裝在一臺由四匹馬牽引的車架上，能在一分鐘內（或稍久些，端看操作者轉得有多快）擊發三百七十發子彈，擁有十個彈匣（magazine）。

該武器潛力驚人，足以扭轉戰事。但不幸地法國人並沒有領略，竟把米特留雷斯機槍當成火炮，歸屬於加農炮部隊，而並未將它們配置給步兵。更糟的是，愚蠢的保密措施使得法國軍方成功地阻止自家士兵熟練此機槍的操作，並發揮全效，不僅如此，他們還讓普魯士軍隊發現它的存在。在歸屬砲兵部隊的狀況下，米特留雷斯機槍部隊於普法戰爭成了普魯士砲兵團容易捕獲的獵物，他們會特別集中火力摧毀米特留雷斯機槍部隊。在葛拉芙洛特戰役（Battle of Gravelotte）一次難得的好機會中，米特留雷斯機槍架在步兵支援的位置作戰，便輕易造成了兩千六百名普魯士士兵傷亡，傷亡人數占敵軍的一半。法國沒有在此經驗中學到這把機槍的優勢，反而是普魯士軍隊留意到了它。

給歐洲的的玩意兒

此時，海勒姆・馬克沁正好現身。生於美國法裔家族的馬克沁是電機工業領域的發明家。他曾發明一臺不錯的捕鼠機，以及世上第一個自動灑水滅火系統。一次前往歐洲的商業旅行時，一名美國人建議他：「如果你真想要賺大錢，就發明一些可以讓歐洲人自相殘殺的高明玩意兒吧」。這個「玩意兒」的靈感，則是某次射擊時肩膀因後座力導致痠痛時產生。他解釋

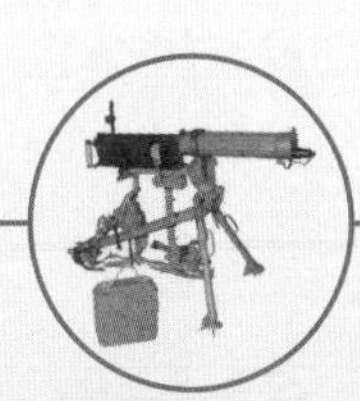

道：「後座力可以用在正途上」。西元1883到1884年間，他推出了一支完全自動的槍械，利用後座力量打開槍膛，再將使用後的子彈殼退出並裝上新的子彈。他的新槍在一分鐘內射擊六百回，因此槍管毫無疑問地將變得非常熱，為了降溫，他在槍上裝置油冷套筒（後來換成水冷系統），子彈則透過帆布彈帶輸入。

眾人為此新設備震驚，就如同之前預言的，馬克沁的槍迅速地被歐洲各國接受。身為頑固的自我推銷者，馬克沁的個性對產品行銷有很大的助益。他前往英國，並成為英國公民，積極建立與皇室的關係，並於西元1901年受封爵位。馬克沁機槍於1889年被英國陸軍採用，皇家海軍則是在1892年開始使用，到了1899年輪到了德國與俄羅斯。

這款新武器的破壞力可以從東北亞的堪察加半島（Kaqmchatka）到非洲的蘇丹（Sudan）一系列戰爭中觀察到：英國殖民戰爭包括甘比亞（Gambia, 1887）、馬塔貝萊（Matabele, 1893-1894）、西北前線（Northwest Frontier，前英屬印度的一個省份）的奇特拉爾戰役（Chitral campaign, 1895），以及西元1898年鎮壓蘇丹恩圖曼（Omdurman）的馬赫迪（Mahdi）起義。第二次波耳戰爭（The Second Boer War, 1899-1902）時，在雙方都持有馬克沁機槍下，英軍反而戰事失利。諷刺作家希萊爾・貝洛克（Hilaire Belloc）在詩作〈現代旅客〉（The modern Traveller）中反映槍砲在殖民事業的重要性：「無論發生什麼狀況，我們有馬克沁機槍，而他們沒有」。

機槍之戰

第一次世界大戰初期，英軍與德軍都配有各種款式的馬克沁機槍。英軍改良了馬克沁機槍，使其易於在戰場保養，並與維克斯（Vickers）武器公司合作。西元1912年，英國陸軍採用維克斯馬克沁重型機槍。雖然射擊率相對較低，約每分鐘五百發，含三腳架重達37.7公斤，但事實證明它在第一次世界大戰有其存在價值。以西元1916年8月為例，索姆河戰役（Battle of Somme）中第一百機槍連的十具維克斯馬克沁整整射擊了十二個小時，一百萬發子彈傾洩在1,800公尺外的一小片土地，過程中換了一百支槍管，但沒有任何一具機槍故障。

此時的英軍也曾被德軍馬克沁LMG 08/15型狠狠修理。此槍又名斯潘道（Spandau），以眾多皇家兵工廠之一的名字命名。德軍部隊裝備精良，每座營皆配有六具機槍；相反地，法軍一座營只有兩具。法軍指揮官依然迷戀過時的十九世紀中葉的推進攻擊戰術（l'offensive brutale et à outrance），但該戰術推向的是戰爭不斷演化的殘酷事實，此時的代表武器正是機槍。邱吉爾（Winston Churchill）曾描述此新時代的戰爭特性：「戰爭，過去是殘忍而莊嚴，如今已成為殘忍又骯髒」。

結構分析

馬克沁機槍

1904年的馬克沁機槍由一百五十個主體零件組成，水冷套筒上有幾十個蒸汽凝結元件，以及超過八十個零件的三腳架。

[A] 機匣
[B] 波狀水冷套筒
[C] 三腳架
[D] 槍管
[E] 握把

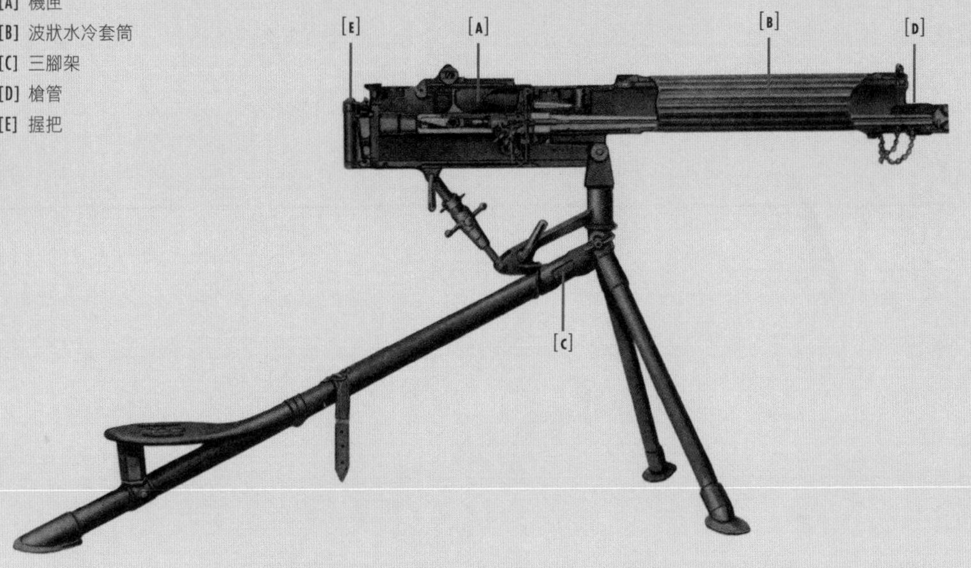

重點特徵

水冷套筒

快速射擊會讓槍管加熱變形，甚至斷裂，因此馬克沁機槍需要水冷套筒將水灌注於槍管周圍以降溫。套筒中的水藉著流經冷凝器冷卻槍管，但每射擊七百五十次仍須更換套筒。

對機槍手最貼心的安排，就是一名機械看護，他最主要的工作就是將彈帶送入槍膛。

——約翰・基岡（John Keegan），《戰爭的面貌》（*The fact of Battle*, 2004）

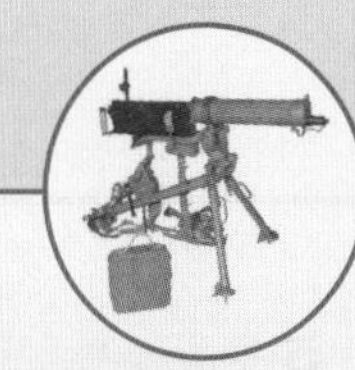

28

發明者

Royal Small Arms Factory, UK

英國皇家輕兵器工廠

短彈匣李－恩菲爾德步槍

Short Magazine Lee-Enfield

社會

政治

戰術

科技

種類

火槍

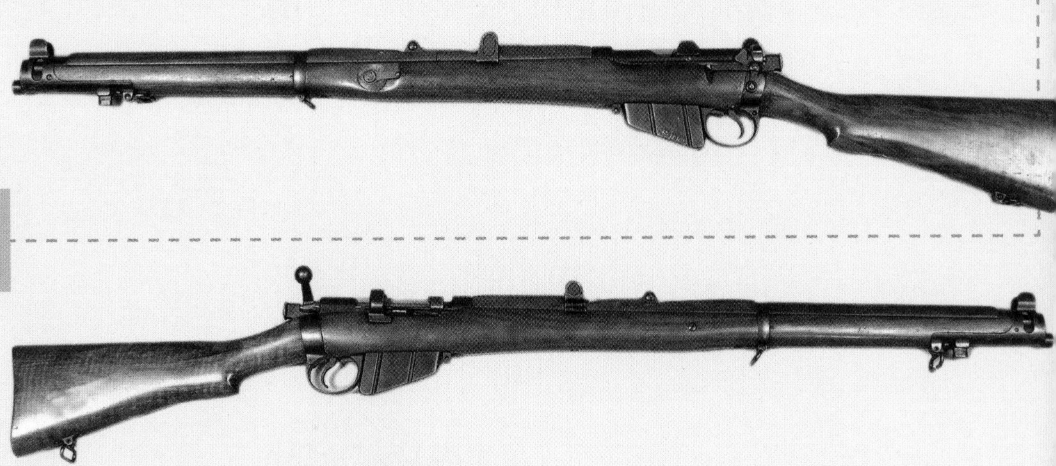

西元1903年

短彈匣李－恩菲爾德步槍（The Short Magazine Lee-Enfield），就是俗稱的司邁利（SMLE或Smellie）火槍，也是生產最廣泛、可能是最長壽的二十世紀栓式（bolt-action）步槍。它在兩次世界大戰中都是大不列顛本土、大英帝國領域以及皇家國協諸國（多半為大英帝國舊殖民地獨立國家）的主要步兵武器，它結合了快速開火與堅固耐用的優點，因此公認為栓式步槍之中最優秀的款式。

彈匣

撞針槍與夏斯波是單發武器（每發子彈必須各別發射與裝填）。為了達到更快的射擊速度，步槍進化的下一階段便是彈匣。彈匣一次可裝入數發子彈，大幅加快裝填的速度。西元1868年瑞士陸軍採用的維特利（Vetterli）步槍是最早使用彈匣裝填的步槍之一，其槍管下加裝了管狀彈匣。1884年德國製槍匠彼得・保羅・毛瑟（Peter Paul Mauser）發明了相似的彈匣，裝有八發子彈。而法國陸軍一直使用到1940年的法國1886型步槍也備有管狀彈匣。

然而，管狀彈匣並不理想。當彈匣子彈用盡後，步槍的前端會變得較重，而失去平衡，加上子彈的排放方式是每發子彈的頂端接著前一發的底端（底火儲存之處），因此彈匣具有走火的風險。西元1885年，奧地利槍匠費德南・門禮夏（Ferdinand Mannlicher）發明了一種五發子彈垂直排列在一夾子內的彈匣，當此彈匣射完五發子彈後，槍手需要抽換夾子；另一方面，1893年毛瑟去除夾子，讓毛瑟槍只須補充子彈，無須替換夾子。當戰況激烈時，還可以將額外的子彈個別裝入彈匣。

西元1888年，英國陸軍以彈匣裝填式的李－梅特福栓式步槍（Lee-Metford bolt-action rifle）做為現役標準步槍，其彈匣與栓式槍機的設計者是詹姆士・巴力斯・李（James Paris Lee），他在遭到加拿大放逐後歸化美國。而刻有膛線的槍管則是由威廉・梅特福（William Metford）製造，不過梅特福的膛線是為黑火藥設計。當英國查爾斯・蒙羅（Charles Munroe）開發出燃燒溫度更高的新型無煙火藥後，倫敦恩菲爾德的皇家輕兵器工廠就需要發明一種更新、刻痕更深的膛線槍管因應這種新火藥。應運而生的便是1895年的李－恩菲爾德第一型步槍（Lee-Enfield Mark I rifle）。

萬用的司邁利

英軍在波耳戰爭的經驗，促成了改良版司邁利步槍誕生。這些戰時經驗讓軍方

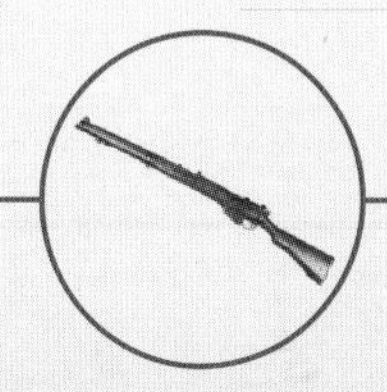

在備戰狀態，其準確度的穩定令人滿意。

——《英國輕兵器教科書》（*British Textbook of Small Arms*, 1929），「司邁利」

索姆河戰役，一名英國士兵掩蔽於壕溝，他的司邁利步槍已經上好刺刀，準備行動。

肯定如卡賓槍（carbine，一種騎兵與砲兵所用較短、較輕的步槍）與一般的較短步槍有其必要性，而一種可供所有軍種使用的「萬用槍」便成形。這簡化了生產槍枝與零件的後勤補給，如此一來，也才有1903年的司邁利誕生。其正式名稱為「．303、短槍管、彈匣、李－恩菲爾德、第一型」，「．」說明的是此槍並非短彈匣，而是短步槍。李－梅特福步槍為1,257公釐長，司邁利則是1,132公釐長。西元1907年，司邁利三型問世，並在第一次世界大戰中廣泛使用。

當時專家嚴厲批評這種步槍與卡賓槍混血的產物，並預言它將會是個災難。但事實上，司邁利步槍卻是軍事工程的重大勝利之一。關鍵在於它的射擊速度比任何競爭對手都更快，它滿足了英軍整合射擊速度與準確性的願望。從波耳戰爭學到射擊的重要性後，英軍開設了步兵訓練課程，課程中每年一度的武器測驗裡，士兵必須表現謹慎、果斷、迅速的開火能力，測試射程達549公尺；測驗中還有所謂的「瘋狂一分鐘」：士兵必須快速射擊十五發子彈到274公尺外的目標，大多數人都能成功將所有子彈集中射到一個0.6公尺的靶圈之中。1930年代，一名英國輕兵器學校兵團的教官便創下紀錄，他在一分鐘內射擊了三十七次。西元1914年8月的蒙斯戰役（Battle of Mons）便嘗到戰果，當德軍對上職業軍人組成的英國遠征軍（British Expeditionary Force）以司邁利展現快速的射擊火力時，德國指揮官馮・克魯克（von Kluck）甚至以為他面對的是機槍。皇家野戰砲兵第十五旅第八十營的麥高樂中尉（R. A. Macleod）回憶到：

「我們的步兵表現傑出，他們只在設置陣地壕溝時受到一些刮傷。雖然壕溝無法提供太好的掩護，但他們仍堅持到底，以優秀的射擊效率還擊，德國步兵採用行進的腰間射擊（槍支撐在與腰部齊平的高度，於行進間不瞄準地自由射擊），但準度很低。」

事實上，現代步槍大量射擊所能帶來的威力，早在西元1870年當普魯士對上配備夏斯波的法軍並發動正面攻擊時，就已經嘗過了，當時衝鋒的普魯士部隊幾近全滅。防守方加上快速火力便擁有決定性優勢，正面攻擊猶如自殺，而縱隊或方陣隊型這類的老把戲就此遭到淘汰。以小單位在火力掩護下衝鋒前進的機動性小規模攻擊則成為現代主流。但是直到第一次世界大戰的大屠殺發生以前，普魯士軍在普法戰爭吸取的教訓老早就被大多數人遺忘（特別是英國人）。

士兵認證

司邁利步槍的成功之處，在於詹姆士・巴力斯・李設計的兩個關鍵部分。其一是十發裝的彈匣，比起其他競爭者的容量都大，而拉栓距離又明顯短了許多。因其具有栓後鎖，所以槍機的拉栓距離比前拉柄設計的還短，加上流暢的內部機制，使得栓式槍機的操作快速又容易。司邁利步槍還包括一路延伸到槍口的胡桃木護木，而特殊設計的槍托，採用了半手槍握把與配有底板門的鋼槍托底板，其中裝有放置工具與清潔用具的收納空間。粗勇又相對簡單的設計，讓此步槍能適應多變又骯髒的壕溝戰事，公認為最受士兵喜愛的優秀步槍。

另一方面，這把步槍還是有些缺點。例如，它的凸緣式子彈衝擊力比德國與美國的標準子彈低，雖然已足以阻止迎面而來的士兵。再者，槍機栓無法替換。整體來說，德國毛瑟槍仍被認為有較高的性能表現與工藝技術，但司邁利步槍的優點還是讓它在長達六十年的歲月，持續擔任前線武器、訓練武器以及進行狙擊任務，直到1980年代。二十世紀裡，印度、澳洲與美國的眾工廠群，至少生產了五百萬把司邁利步槍。司邁利步槍不僅在第一次世界大戰中協助阻止德軍進犯的腳步，也在二戰與韓戰的軍事衝突中，堅定地站在前線。到了1980年代，它還協助阿富汗打敗了蘇聯，並繼續在南亞地區服役。

西元1985年，手持司邁利步槍的阿富汗士兵，展現了李－恩菲爾步槍的長壽。

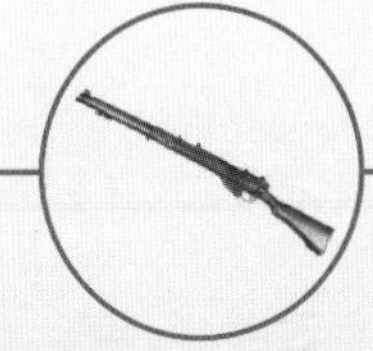

發明者

Isaac Newton Lewis

艾薩克・牛頓・路易士

路易士機槍
Lewis Gun

社會

政治

戰術

科技

種類

輕機槍

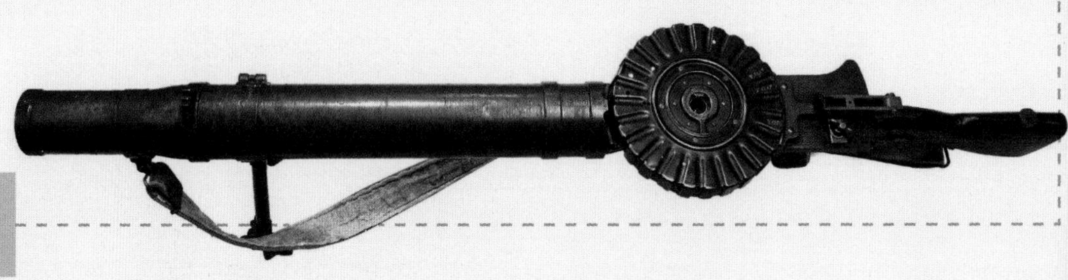

路易士機槍就像是潛艇。最好的使用方式是在意料之外的時間與地點出現，並瞬間掀起一陣毀滅性的風暴。

——《路易士機槍手完全手冊》（*The Complete Lewis Gunner*, 1941），不知名教練

西元1911年

馬克沁機槍曾將第一次世界大戰的戰場轉變成惡夢般的僵局。不過，這樣的機槍也有其戰術應用的限制。它們無比沉重，需要三腳架與足夠的空間架設，還需要數人編成的小組操作。軍隊無法在戰場快速地轉移它們，軍隊的機動性與反應力因此受到限制。在這樣的戰場裡，輕機槍成為迫切的需要，而路易士機槍正扮演了這個角色，它鮮明的外觀將成為戰爭的一項重要特色。

艾薩克・牛頓・路易士

氣體動力

後座力，也就是馬克沁機槍自動裝填的動力來源，並非驅動機槍的唯一方法，善用火藥爆炸時產生的熱氣壓也是一種替代方法。美國槍械製造家約翰・白朗寧（John M. Browning）就是氣動式槍械（Gas-operated firearms）的先驅。他於西元1889年發明這種技術，而1895年柯爾特（Colt）更將此技術改良精進，推出了柯爾特－白朗寧機槍（第142頁）。這種槍利用空氣冷卻，省卻了馬克沁機槍的水冷套筒重量。同年霍奇基斯（Hotchkiss）將奧地利上尉阿道夫・奧得柯列克・馮・奧格薩男爵（Captain Baron Adolf Odkolek von Augeza）的氣動式改良更加完美，其中燃燒產生的氣體從槍管輸出，再以其推動一個連結槍機的活塞，排出使用過的子彈後，活塞同時推擠另一個彈簧，當彈簧反彈時，就連帶關閉槍機栓將新子彈裝填上膛。路易士機槍使用類似的往復機制，同時也跟霍奇基斯機槍一樣，以空氣冷卻。

西元1911年，基於山謬・麥克連（Dr Samuel McLean）的早期設計，艾薩克・牛頓・路易士上校發明一種重量較輕，並以空氣冷卻的氣體動力機槍。重量僅有11.8公斤，它具有一個圍繞槍管並在槍口處稍微縮小的獨特管套，以及一個也很特別的頂架式圓盤彈匣（初期為四十七發子彈裝）。由於美軍並未訂購，西元1913年路易士辭職後前往歐洲，那裡正渴望著殺戮的新方法。比利時與英軍積極採用路易士的設計，以對付接踵而至的威脅。

永恆自動

路易士機槍如同霍奇基斯機槍，利用燃燒的氣體將活塞桿與槍機栓一同往後推，活塞桿的下半部卡著一個推動小齒輪的齒條，用來轉動彈簧造成張力。《路易士機槍手完全手冊》如此描述：「這個張力帶動活塞桿與槍機栓，再加上氣體與歸位的彈簧便能使活塞與槍機持續往復交替地運作，造就了一把永恆自動的槍機」。

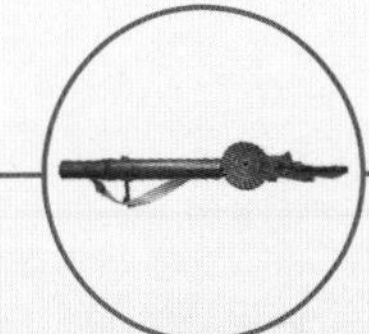

第一次世界大戰接近尾聲，澳洲士兵以路易士機槍掃射敵機。

槍管的冷卻，可以透過火藥燃燒產生的氣體排洩作用完成。這是因為燃燒的氣體在快速流動時形成半真空狀態，會將冷空氣由後方的通氣孔吸進槍管，取代了原本的熱空氣，就像是散熱氣罩將熱空氣排出的原理。在此機槍設計中，大量冷空氣沿著十七條縱向鋁製鰭片流至槍管協助冷卻。

雖然造價不算特別廉價，但是生產速度十分快。製造一具維克斯馬克沁機槍的時間可以完成六具路易士機槍。它穩定、簡單，更重要的是機動性強，帶來靈活作戰的全新可能，打破專橫的重型機槍所帶來的戰術凝滯。西元1941年，路易士機槍手冊作者，一位無名教練說：「路易士機槍能在攻擊行動與自由戰鬥中帶來強大的效果」。

比利時響尾蛇

西元1916年，已經有超過五萬具路易士機槍生產出廠。到了1917年，每名英國陸軍步兵分排都配到一具，一座營就有四十六具。因為原廠設在比利時，它得到一個德文的暱稱——「比利時響尾蛇」，部分原因也來自其獨特的槍聲。因重量輕簡，其他軍種也陸續採用，包括機車的邊車與皇家海軍小艇，還有觀測車普遍裝配的後架機槍。它也是第一種用在飛機射擊的機槍，安裝在飛機上時，冷卻套筒與散熱片可以省略，使它變得更輕盈。

第一次世界大戰結束時，新開發的九十七發彈匣增強了路易士機槍的火力，全球使用範圍更廣。第二次世界大戰爆發時，路易士機槍仍在戰場服役，配備給英國本土民兵以防止可能到來的侵略。

路易士機槍

[A] 散熱罩
[B] 槍管
[C] 圓鼓彈匣
[D] 照門（rear sight）
[E] 彈匣

1941年出版的《路易士槍手完全手冊》詳細說明了該機槍的各種優點，包括「它的機動性高，可輕易地由單人操作，十分簡單明瞭。只由六十二個零件組成……冷卻系統十分單純，不須特別留意或加水。防護良好，非常堅固，不太可能因移動而損壞。這種槍可以在任何位置進彈，幾乎沒有任何反作用力或後座力，容易上手」。

重點特徵

圓鼓彈匣

除了散熱罩（radiator shroud），路易士機槍還有一項獨特的特徵就是它的圓鼓彈匣（drum magazine）。這種彈匣十分可靠，其不似多數彈匣倚賴內部的彈簧動作，而是以機槍本身的自動往復機制裝填子彈。

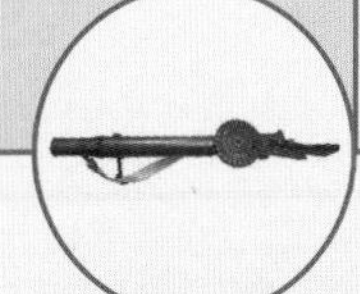

30

發明者

The Chinese

中國人

手榴彈
Hand Grenade

社會

政治

戰術

科技

種類

爆破裝置

西元1913年

手榴彈是最早的火藥兵器之一，但其重要性從中世紀開始卻逐漸降低。然而，二十世紀初期出現的壕溝戰，讓這個相對低技術水準的武器產生驚人的大逆轉，手榴彈成為步兵軍械庫裡最重要的裝備之一，也是最剽悍士兵手中的個人專屬火砲。

最早描繪手榴彈的圖畫，出自第十世紀的佛教手抄本。

石榴的打擊

中世紀時期，中國最早使用的火器基本上都是手榴彈類型的武器，如裝了黑火藥的竹節容器。第一枚正式的手榴彈在宋朝（西元960至1279年）出現。西元1044年完成的軍事手冊《武經總要》為搜羅古代中國最重要軍事科技的著作，便記錄了許多關於陶球或鐵球炸彈的敘述與圖示，描寫如何裝填炸藥、點燃引線並投擲，以及部分炸彈還添加木炭或小塊金屬，以增加爆炸時飛散的碎片。

手榴彈與其他火藥武器一起經由伊斯蘭世界傳至歐洲。手榴彈的存在，對攻城戰事來說是實用且相當重要的一部分，通常交由工兵使用（攻城時坑道與壕溝挖掘工程的需要）。也可以拋擲過城牆清除敵方士兵，特別針對駐守在特定區域的守軍。在中世紀時代，這種爆破裝備也稱為格拉納達（granada），源自西班牙語借用中古法語的字彙：石榴（pomegranate），意指在球狀炸彈裝填了像種子般的火藥粒，又或裝了火藥的彈丸，如西元1620年的《煙火》（*La Pyrotechnie*）中所描繪。

早期的手榴彈重量約0.68至1.36公斤，使用者暴露在意外引爆的高度風險下，且在點燃與投擲時必須站穩身子，士兵也因此成為敵火中醒目的焦點。所以，在戰場投擲手榴彈的工作，就屬於那些最壯、最高（較長的四肢以利投擲）、最不畏生死的士兵們，而這些擲彈兵就代表部隊的精英分子。擲彈兵的職位在十七世紀末開始制式化，例如西元1667年法國部隊中，每連隊都有四名擲彈兵，四年後，每座營就有一支擲彈兵連隊。其他歐洲國家後來也紛紛仿傚。

外觀上，可用無邊帽辨識擲彈兵，與一般戴著寬邊帽的多數士兵不同，寬邊帽可能會影響他們舉手過肩投擲榴彈的動作。在腓特烈大帝與後來的拿破崙時期，擲彈兵在陸軍組成了精英部隊，雖然其實當時的手榴彈多半都會分配給所有士兵，

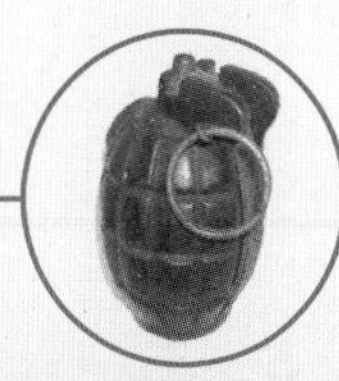

但擲彈兵還是身材最高大、最令人印象深刻的士兵，還被鼓勵留著狂野的鬍子。為了誇大他們的身高，他們的無邊帽被做成獨特的主教高帽款式，甚至後來的擲彈兵衛隊（屬於英國御林軍）還將熊皮帽引進英軍。到了第二次世界大戰，德國裝甲擲彈兵延用此傳統稱號，代表這是一支配屬於裝甲部隊的精銳。

式微與再興

隨著攻城戰爭的減少，手榴彈還是無可避面地離開關鍵的重要地位。儘管如此，許多新設計仍不斷出現，例如南北戰爭時代發明的凱旋手榴彈（Ketchum grenade），具有長橢圓外型，頂端附有觸發引信，彈體外加穩定平衡用的尾翼。

西元1904至1905年的日俄戰爭重新證實了手榴彈的重要性，並預視了許多第一次世界大戰將要發生的戰場景象。當第一次世界大戰的歐陸戰線開始僵化成一場堪稱規模宏大的包圍戰時，手榴彈又站上了舞臺中央。一開始，前線部隊就地取材自製手榴彈，將裝有引信（用火柴點燃）的木柄固定在強力炸藥上，以金屬線捆綁以便產生金屬破片。西元1915年，英軍發明的果醬罐手榴彈有了相當程度的技術進展：他們在馬口鐵罐中，填入硝化纖維（guncotton，浸入硝酸與硫酸混合液的布片，可以當做炸藥使用）、金屬碎片或甚至是石頭。

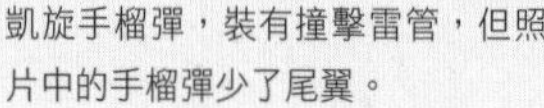

凱旋手榴彈，裝有撞擊雷管，但照片中的手榴彈少了尾翼。

軍隊之所以被迫自製手榴彈，是因為軍方高層未能適當調度手榴彈給前線。戰事爆發之初，英軍只有一種手榴彈可用：昂貴的第一型（Mark I）手榴彈，而且只有皇家工兵團配屬了極為有限的數量。法軍同樣地配備不足，但德國則好一些（他們有十七萬枚靠衝擊引爆的碟型炸彈，以及1913型庫格爾[Kugel]手榴彈）。西元1914年末，約翰・弗倫奇爵士（Sir John French）預估英軍每週將需要四千枚手榴彈，但11月裡每週只供應了可笑的七十枚，到了12月才上升至每週兩千五百枚。然而，隔年1月，需求躍升至每週一萬枚，但當大量新兵結束訓練準備投入戰場後，估計還需要增加到每日五萬枚。在壕溝的狹小空間中，手榴彈十分實用，可用來清除壕溝與碉堡內的敵人，就像是將砲兵火力直接握在個人掌中。

幾乎致命的隨身酒壺

第一次世界大戰的爆發，手榴彈也

手榴彈造成的惡劣傷口，在接下來幾年的戰事中，我都不曾見過更糟的。

——尼姆中尉（Lt P. Neame），皇家工兵，於新沙佩勒戰役（Battle of Neuve Chapelle），西元1915年

擔任引線之一。德利科・查布林諾維奇（Nedeljko Čabrinović）為刺殺法蘭茲・斐迪南大公（Archduke Franz Ferdinand）的集團成員。西元1914年7月28日，當載有奧地利親王的車子靠近時，查布林諾維奇從口袋拿出一個看似隨身酒壺之物品，旋起頂蓋並往燈柱猛敲。啪地一聲響起，他便將酒壺投向大公，大公隨即以手臂擋開。當該物掉到地上便引爆了。這個物品便是塞爾維亞手榴彈，頂蓋為敲擊蓋構造，藉由敲擊堅硬平面觸發。

「給希特勒的包裹」。照片為一位二戰時正接受M2型手榴彈拋擲訓練的美國軍人。

鳳梨與馬鈴薯搗泥棒

第一次世界大戰時發展出兩種最具代表的手榴彈設計：一款是英國36號米爾斯炸彈（No. 36 Mills bomb）以及美國M2，屬於鳳梨形；另一款則是德國的24型帶柄手榴彈（Stielhandgranate 24），外型近似馬鈴薯搗泥棒。它們都有一種共通基本構型：具彈體、裝有填充物（炸藥）與引信，而彈體通常會產生碎片。

特殊的鳳梨形手榴彈則是在鑄造時，刻出讓彈體爆炸時容易碎裂四射的深溝痕。36號米爾斯與美國的M2都裝有一個拉環保險針，並以勺子外形的握把牢牢壓住。當握把鬆開時，彈簧擊鎚會隨之敲打衝擊火帽，點燃引信。馬鈴薯搗泥棒則是拉起握柄底部金屬蓋後面的瓷珠來引爆。一般來說，火藥會採用三硝基甲苯（TNT），以產生爆破火力與爆炸傷害，並不會產生具體破片，散射的碎片則由金屬套管負責生成。

因為爆炸半徑通常比拋擲距離大，所以擲彈兵必須在掩體後面投擲，或使用引信提供逃離並尋找掩蔽的時間。由於手榴彈投擲距離不斷被需求更遠，開始發展出步槍投射裝置，例如有棍的步槍炸彈（rodded rifle bomb）便是將手榴彈附於棍子上，棍子以一種特殊的空包彈裝入步槍槍管，但後座力太大所以發射時必須將槍托頂在地面。

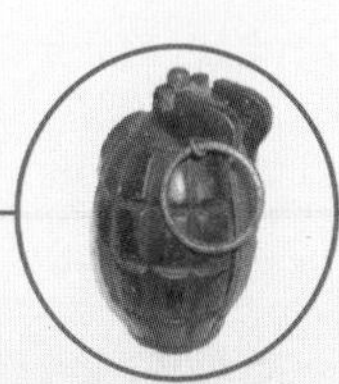

31

發明者

The Ancient Greeks?

古希臘人？

毒氣
Poison Gas

社會

政治

戰術

科技

種類

化學兵器

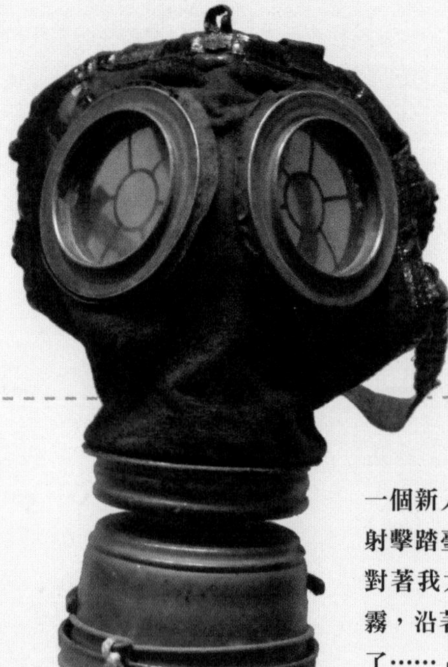

一個新人加入我們看望前線……我坐在射擊踏臺上，正清理來福槍，那個新人對著我大叫：「一股閃著綠光的黃色煙霧，沿著地面往這裡翻滾，它就要過來了……」

——亞瑟．艾琵（Arthur Empey），《無人地帶》（*No Man's Land*, 1917）

西元1915年

毒氣與第一次世界大戰有著無庸置疑的密切關係，這也表示夢魘般的壕溝戰場又邁向更加慘無人道的新境界。雖然它對軍事發展的衝擊不大，但毒氣瓦斯在心理與文化層面的衝擊卻鮮明而持久。

古代硫磺

毒氣的誕生可追溯到久遠的古代。西元前430年的第二次伯羅奔尼撒戰爭（the Second Peloponnesia War）中，據說斯巴達軍隊便燒起了硫磺與木炭的混合物，製造出有毒氣體。幾年後，西元前424年的迪利姆攻城戰（Siege of Delium）中，皮奧夏人（Boethian）也被認為對雅典人發動了一次毒氣攻擊，這次還用上鼓風器與新發明的原始噴火器，製造並吹送硫磺氣體。修西底斯（Thucydides）寫下這樣的描述：「那個大鍋爐緊扣著一根中空的木管，鍋中裝滿了木炭與硫磺，木管的另一端則裝上鼓風器……這些木炭與硫磺……被煽吹而猛烈燃燒起來……」。

西元256年，羅馬人在敘利亞一帶建立杜拉－歐羅普思要塞（Dura-Europas），此要塞被薩珊尼亞的波斯人攻陷後便廢棄，成為考古學家口中的「敘利亞沙漠中的龐貝城」。學者賽門・詹姆斯（Simon James）在堆積羅馬人屍體的地點，發現了黃色硫磺結晶，經過再度檢驗此考古遺跡後，他說：「這是一個前所未見的致死謎團。慘死於此的羅馬士兵並不像羅伯特・杜・梅斯尼爾・杜・比松（Robert du Mesnil du Buisson）所說的死於刀劍或火燄之下，應是被薩珊尼亞的入侵者蓄意以毒氣殺害」。

在中世紀中國，西元1044年的《武經總要》亦記載了一種瓦斯炸彈的配方，其中便包含有毒物質。就像是早期的手榴彈（第124頁），毒氣會使用在攻城戰、地道戰與反地道戰中。

軍用毒氣之王

近代人們做過很多努力，意圖再將毒氣運用在戰場，但直到第一次世界大戰前，都沒有成功。例如，西元1855年的塞凡堡圍城戰（Siege of Sevastopol）中，海軍上將唐納德爵士（Admiral Lord Dundonald）策畫混合400公噸的硫磺與2,000公噸的煤焦製成毒氣，以攻擊俄羅斯的要塞，但此方案被上級否決；另外，在美國南北戰

威廉・李文斯（William H. Livens）與他發明的拋射器（基本設計近似於迫擊炮），可以用來投擲裝填可燃油的圓桶。不久之後，此拋射器被改良用來發射毒氣桶。

爭（西元1861到1865年）中，約翰・道迪（John W. Doughty）計畫使用氯氣作戰的方案，同樣被軍事大臣辛頓（Santon）拒絕。事實上，毒氣武器是西元1899年與1902年兩度被海牙公約特別禁止的項目。

第一次世界大戰期間，德國人不斷尋找打破西歐戰線僵局的方法，進而打破了這項傳統禁令。知名化學家弗里茨・哈伯（Fritz Haber）與柏林大學的同事瓦爾特・奈恩司特（Walther Nernst）教授製造出可供戰爭使用的氯氣，同時發明了防毒面罩。西元1916年，哈伯成為化學武器部門的長官，實驗出許多可用的材料，並在隔年發明了芥子氣（mustard gas）。

一戰的第一次毒氣攻擊，發生在1915年4月22日的伊普爾（Ypres）戰場前線。雖然英軍情報單位預警了此攻擊卻遭到高層忽視，這次毒氣攻擊成功地突破了兩個盟軍師的防線。當時在寬達6公里的防線釋放了180公噸的氯氣，將痛苦與恐懼散布在法軍阿爾及利亞部隊的防區。然而，德軍未曾預料到毒氣攻擊會如此成功，因此並未安排預備部隊來擴大戰果。

在防毒面罩發明之前，盟軍一開始想到的最好對策，是使用沾了水、尿或蘇打水的綿布摀住口鼻。第一次毒氣攻擊的五個月後，英軍也在法國洛歐（Loos）發動了毒氣攻擊反撲德軍。第一次世界大戰使用的毒氣還包括雙光氣（diphosgene）、光氣（phosgene）、氯化苦劑（chloropicrin）、氰化氫（hydrocyanic acid），以及能造成皮膚與黏膜潰爛的芥子氣。

芥子氣公認為「戰場毒氣之王」，它具有相對持久、能穿透衣物，並導致目盲等各種毒氣效應，因此特別令人痛恨。芥子氣的首度使用發生在東線戰場。西元1917年7月，西線英軍則是第一次遇上芥子氣，造成了一萬五千人的死傷，其中包括四百五十名死者。

整體而言，第一次世界大戰共使用了124,000公噸的各式毒氣，造成一百三十萬人傷亡，最終不幸喪命者約占4.6%。即便如此，化學武器很少發揮具體效果；例如毒氣曾在伊普爾戰線，對敵軍造成了震撼，但因缺乏預備部隊的支援而功敗垂成。不過，到了西元1917年位於義大利的卡波雷托戰役（the battle of Caporetto）中，化學武器便與其他戰術緊密整合，成功對西線盟軍部隊造成沉重的打擊。然而，雙方對化學武器的投入並不多，因此傷亡效果也很有限。在所有炮擊傷亡中，化學毒氣炮彈只占4.5%的傷亡，而專職的化學部隊在所有技術工兵部隊中也只占2%。

毒氣是最受到畏懼的武器之一，但它的兇惡名聲與實際殺傷力並不相符，致命程度也比不上其他武器。特別是在防毒面罩發明之後，軍隊便學會如何有效因應毒氣攻擊。就算是疏於毒氣防備訓練的美國部隊，在一戰全體傷亡的二十五萬八千人中，只有四分之一是毒氣造成，死亡人數更只占2% ，其他武器反而奪走了總傷亡人數25%的性命。

到了第二次世界大戰，交戰國皆製造與儲存大規模的化學武器，德國甚至開發出更致命的神經毒氣，例如惡名昭彰的沙林毒氣（Sarin）。不過只有日本真正將毒氣用於戰場，在部分中國戰場中使用。二戰戰後，毒氣的研究與製造依然持續進行。美軍就曾在韓戰被指控使用毒氣，事後證明並非事實。但美國在越南與柬埔寨使用橘劑（Agent Orange）之類的強力除草劑，對人類與動物產生強大的致突變毒性，而掀起了激烈的爭議。

唯一明確使用化學武器作戰的是伊拉克。薩達姆・海珊（Saddam Hussein）的部隊在兩伊戰爭中，對伊朗部隊施以化學武器攻擊，之後更在西元1988年哈拉卜賈（Halabja）省的鎮壓行動中，對自己的人民使用毒氣。而日本的奧姆真理教（Aum Shinrikyo）教徒則是在1994到1995年間，以沙林毒氣發動一連串的恐怖攻擊。近年敘利亞政府軍則是持續使用化武攻擊反抗軍。另一方面，致力於防堵化學武器擴散、鼓勵放棄化武的國際禁止化學武器組織（The Orgnaisation for the Prohibition of Chemical Weapons）則在2013年獲頒諾貝爾和平獎。

西元1917年，澳大利亞部隊帶著防毒面具。使用防毒面具能非常有效地降低毒氣攻擊的威力。

32

發明者

Ernest Swinton, W. G. Wilson and others

厄內斯特・史溫頓、威爾遜等

第一與四型坦克
Mk I/IV TANK

社會
政治
戰術
科技

種類
裝甲車輛

西元1915年

坦克是一種以履帶推進的裝甲車輛，履帶讓坦克跟著步兵跨越各種地形。現代坦克可以追溯到一臺共同的原型坦克，西元1915年，這臺長相怪異的機械發出的巨大轟隆聲，開出英格蘭林肯郡工廠大院。

厄內斯特・史溫頓

現代化攻堅機械

坦克是一種可跨越道路障礙的移動裝甲炮臺，造就坦克誕生所需的許多技術，早在西元1915年前便已經存在。西元1485年，李奧納多・達文奇（Leonardo da Vinci）就在呈給米蘭公爵（Duke of Milan）的手稿中，描繪了一種裝甲軍用機械，上方設置圓錐形、傘狀的裝甲護盾，圓形底座裝有伸向四面八方的加農炮，裝甲內設計了手柄，讓人可在其中推動整臺裝甲炮座。西元1898年，FR西姆斯（F.R. Simms）則是將馬克沁機槍裝在摩托車上，成為一座機動的機槍平臺。而讓坦克可以跨越破碎地形的履帶設計，則是在西元1801年由湯馬斯・日耳曼（Thomas German）發明。到了西元1904年，最早的履帶裝甲車便由法國公司查隆・吉哈杜・佛依特（Charron, Girardot et Voigt）製造，賣給俄羅斯人。

西元1914年9月，在法國戰場擔任觀察員的厄內斯特・史溫頓中校很快就瞭解到第一次世界大戰戰場已經轉變成一種據點攻防戰，因此需要現代化的攻堅機械。

霍特毛蟲式半履帶牽引機（Caterpillar，亦譯成開拓者），是觸發坦克發明的要素之一。

此時，發展坦克所需的各種技術開始在他心中匯聚成形。到了10月，史溫頓看到了美國班傑明・霍特（Benjamin Holt）所發明，配有履帶的毛蟲式牽引機，正在戰線後方協助牽引火炮。開始思考製造一臺配備裝甲、火炮與機槍的武裝牽引機。身為大英帝國國防委員的毛里斯・韓克（Maurice Hankey）與史溫頓討論這個想法後，在12月，寫下對開發新機械的看法：「毛蟲式牽引機，有能力以自身的重量輾過

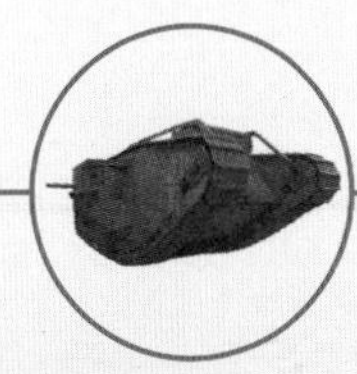

鐵絲網，並掩護後方的士兵，支援他們在機槍的射擊戰火中推進」。

沒有人想要它們

史溫頓的計畫受到繼任第一海軍大臣溫斯頓・邱吉爾（Winston Churchill）的熱情支持，但是到了1915年2月，戰爭部（The War Office，英國當時最高軍事主管機關）卻中止這項計畫。基奇納爵士（Lord Kitchener）表示：「這種武裝拖車會被火炮打爛」；第四海相（Fourth Sea Lord）也明確反對：「這種毛蟲式陸上戰船是個愚蠢無用的東西，沒有人談論它們，也沒有人想用它們」，但是邱吉爾受到韋爾斯（H.G. Wells）的鼓勵，相信了「陸上鐵甲戰艦」的觀點，不顧第四海相的反對，決定以海軍的資源支持此計畫。

第一輛綽號「小威利」（Little Willie）的原型車重達31公噸，裝配了兩門六磅海軍加農炮與四具機槍，以及105匹馬力的戴姆勒（Daimler）引擎，最高速度達每小時5.9公里。小威利在林肯郡的佛斯特（Foster）機械廠組裝，在毛蟲式牽引機上加裝了裝甲外殼，史溫頓取名「水槽」

正在進行現場測試的小威利，橡膠方向輪安置於後方。

我們聽到奇怪的振動噪音，接著伴著轟隆聲中，三臺巨大的機械怪獸向我們緩緩接近，這是我們從沒看過的東西。

——通訊官伯特・錢尼（Bert Chaney），西元1916年9月，索姆河戰役

（Tank，後來通稱為坦克）做為計畫的保密代號。

小威利在現場測試中，發現了明顯問題，當時它不斷「扔出」履帶（履帶片常常從輪子掉下）。而正在開發的下一代原型車：「大威利」（Big Willie），也稱威爾森（因為它的設計者是W.G.威爾森少校）、「老媽」（Mother）、「蜈蚣」（Centipede），後來成為最早的第一型量產坦克。這臺坦克設計成斜方型，以履帶包覆著車殼，這樣的車殼角度，讓它可以跨越障礙物，履帶也沒那麼容易掉下。西元1916年1月到2月間，大威利讓所有目睹之人印象深刻，包括英國國王喬治五世（King George V），並讓戰爭部訂下一百臺，很快地又增訂到一百五十臺。最後正式命名為「國王陛下的陸地戰船，坦克第一型」。

第一型坦克的實驗性作戰，發生在1916年9月索姆河戰役的第三階段。十九歲的通訊官柏特·錢尼（Bert Chaney）則是目擊者，描述了它們突如其來的現身：「轟隆聲中，三臺巨大的機器怪獸向我們緩緩接近……它們是體積龐大的金屬玩意兒，兩側裝著兩道繞著車身的履帶。車身兩側有著巨大開窗的突起部位，機槍就從這兩邊伸出來」。

不過，第一次部署行動並不成功，多數坦克卡在無法跨越的大型彈坑裡，或是因機械故障而停擺。即便如此，還是給德軍戰線帶來巨大的打擊，錢尼這樣描述：「德國佬被它們嚇傻了，他們像兔子一樣瘋狂逃跑」。其中一臺坦克筆直地衝向佛萊爾村（Village of Flers），「一路上把所有能輾平的東西都壓扁了，不斷地撞垮牆壁……在追逐與包抄德國佬中，逮了數千名戰俘並奪回我們的防線」。當時一份媒體報導提到：「坦克就像在市中心街道散步，而英國陸軍部隊開心地跟著它」。

雄性第一型坦克，配備了榴彈護盾與轉向輪。

駕駛這種機械怪獸對車組人員來說，卻是十分恐怖的事。裡頭既沒有與引擎的適當隔間，還散布著高溫與有毒氣體，乘員得冒著重傷的危險，一邊以手勢或拍打動作互相溝通。有時車組人員還必須連續待在車內四十小時。在這種地獄般的作戰環境下，車組人員自然流露的行為被錢尼記錄下來：「坦克內的四名乘員在戰況激烈時，努力地爬出坦克，伸展筋骨抓抓腦袋，慢條斯理地繞著坦克的每個角度檢查一遍，並開起會來。在站了幾分鐘後，好像發現少了什麼，便又冷靜地從車中拿出了爐子，接著在坦克不受敵火威脅的其中一側，坐下來煮茶給自己喝」。

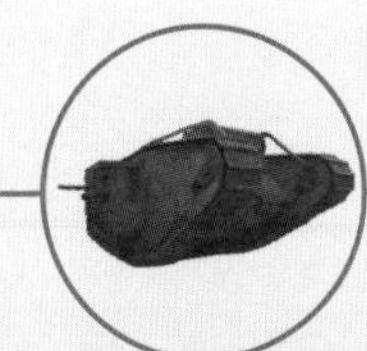

這太神奇了

雖然第一次的坦克作戰，完全沒有發揮良好的效果，不但因為不適當的地形，還有部分原因是預備的炮擊給了對方準備時間。但已足以讓英軍總司令黑格（Commander-in-Chief, Haig）留下深刻印象，並下令立刻生產一千輛以上的坦克供前線使用，包括第一型的第四型（第二與三型在發展過程中便被放棄）。第四型的推進與武器系統得到改良，跟第一型一樣，它也有雌雄兩種分型，雄型稱為「摧毀者」，配備加農炮；雌型則稱「殺人者」，裝配兩具機槍，用來協助掩護雄型坦克。

坦克第一次的有效作戰在西元1917年11月20日的坎布里會戰（the Battle of Cambrai），三百八十輛戰鬥用坦克投入作戰，總共裝備超過千門火炮，有的還帶上灌木叢方便填平戰壕。慣用的預備炮擊在這次行動中取消，使得敵人完全沒有意料到攻擊行動，而坦克極為成功地突破戰線，全面推進了6.4公里，跨過主要戰壕防線。F營的白朗寧上尉（D.G. Browne）描述這場作戰：「看到一場精彩的表現……B營的坦克如比賽般衝下威爾斯嶺（Welsh Ridge），這場面真神奇，戰爭就該這樣打……整支車隊大步輾過鐵絲網……」。不過這場突擊在一百七十九輛坦克接連故障後，便失去了突破力量，坦克的車組人員也都精疲力竭，由於缺乏足夠的後備部隊繼續突破，讓德軍有機會趁機就地組織新防線。

英軍坦克在倫敦街頭遊行，慶祝第一次世界大戰的結束。

然而盟軍高層指揮部卻沒有意識到這場成功的坦克攻擊的意義，因此也無法重現這樣的成功模式。同時，德軍的反應甚至更加遲鈍，無法理解坦克的潛力，直到1918年才開始認真製造坦克。一直到戰爭結束時，德軍只造出四十五臺可供作戰的坦克，此時英軍已備有三千臺。

雖然坦克沒有贏得這場戰爭，但它的確幫助英國第四集團軍做出決定性的打擊。1918年8月8日，在配備了四百五十臺坦克（多半是第五型坦克，以及一些法軍坦克）後，他們在亞眠（Amiens）地區打穿德軍防線，消滅並俘虜了兩萬八千人，以及四百門火炮。埃里希・魯登道夫將軍（General Erich Ludenforff）說這一天是：「戰爭史上，德軍黑暗的一天」。

第一型／四型坦克

[A] 斜方型車體
[B] 側舷（炮塔）
[C] 六磅加農炮
[D] 駕駛座
[E] 履帶

重點特徵

履帶

履帶能讓車輛跨越輪車難以行進的地形。第一型的斜方車體設計，將履帶包圍在車殼之外，因此此為一種等輪距系統，相當於裝備了18公尺輪長的輪胎。到了第二型，每六片履帶板中，就有一片加寬，來增強在鬆軟地面的支撐力，到了第四型則改成每逢第三、第五與第九片履帶板，加裝椿體以加強抓地力。

第一型與第四型都需要兩名駕駛共同操作。他們坐在坦克首的引擎面前，透過裝甲開窗可以看見前方，上方則開有艙門可供出入或逃生。一直到更後來的型號才將引擎與乘員隔開，在此之前乘員都曝露在巨大的噪音、煙霧與高溫之下。引擎產生的動力經由齒輪箱傳到安裝在車殼兩側的主傳動輪，並藉由履帶上的鍊齒帶動後方的減速輪。引擎後方則安裝彈藥架存放六磅炮彈。

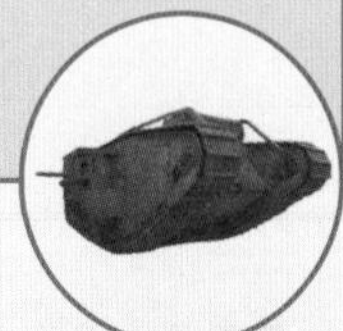

33

發明者

John T. Thompson

約翰・湯普生

湯普生衝鋒槍
Thompson Sub-Machine Gun

社會
政治
戰術
科技

種類

衝鋒槍

西元1918年

史上最具代表性的火槍之一，湯普生衝鋒槍開啟了一種全新的火槍類別：衝鋒槍，起初在德國稱為機關手槍，英國則稱機關卡賓槍。雖然湯普生衝鋒槍並非最早發明，也不是最優秀的一把，但它無疑代表了衝鋒槍的典範，無論在戰時還是承平時代，都是一把廣受歡迎的武器。

約翰・湯普生與他的招牌衝鋒槍

戰壕掃把

史上第一把衝鋒槍，通常被認為是義大利人在西元1914年發明的維勒・帕洛沙（Villar-Perosa），它在1915年派發義大利部隊使用，但其實它是一把輕機槍。到了1918年，大西洋兩岸國家的發明家們都基於壕溝戰的需要，各自獨立設計出真正意義上的衝鋒槍。當德國的雨果・施邁瑟（Hugo Schmeisser）設計出柏格曼（Bergmann）MP18/1型衝鋒槍時，美國將軍約翰・塔利亞菲羅・湯普生（John Taliaferro Thompson）也發明了與他同名的衝鋒槍。這把衝鋒槍的設計概念是基於:「一個人，一把單手機槍，一場戰壕大掃射！」湯普生將軍認為，一名戰壕中的普通士兵，很少需要一把射擊精確、擁有長射程的武器，反而更需要投射大量短程火力，以他的話來說就是「隻手掃平整連敵軍」。

湯普生曾是雷明頓軍火公司（Remington Arms Corporation）的首席設計工程師，以及美國軍部（US Ordnance Department）輕型槍械總監，協助開發了春田M1903型步槍（Springfield M1903）以及寇特M1911手槍（Colt M1911），並在其後開設自己的自動槍械公司（Auto-Ordnance）。當美國加入第一次世界大戰時，他正在開發他所謂的「戰壕掃把」，當買下美國海軍中校約翰・布利許（John N. Blish）的延遲氣體反衝機制（delayed blowback mechanism）專利後，改良出結合延遲氣體反衝與氣冷（air-cooled）的自動槍械，並且使用與寇特・45自動手槍（Colt .45 ACP）同規格的子彈。一開始，這把衝鋒槍使用裝有五十發子彈的鼓型彈匣，後來則改用二十到三十發的盒型彈匣。

警匪之間

第一批湯普生衝鋒槍的原型於西元1918年11月11日運抵紐約碼頭，等待轉運到歐洲，但也正好就在這天，歐洲國家簽下了停戰協定。於是，自動槍械公司頓時手中滯留了大批庫存槍，而各國軍方卻對它們意態闌珊。雖然試著強力推銷給執法人員，但的銷量依然低靡，不見起色。之

後，湯普生失去了公司的掌控權，這批衝鋒槍開始傾銷到各個合法的出清賣場。當時甚至可以透過郵購、地方的五金行以及運動用品店買到這把槍。不過，它的定價對當時美國中產階級仍然有些昂貴，一把M1921型湯普生衝鋒槍要價美金200到245元，相當於一般中產階級雇員兩個月的薪水。

然而，就在這段時期，一群意料之外的高收入槍支愛好者出現了。西元1920年宣布禁酒令後，黑社會的經濟驟然興起，大量財富湧入私酒販、走私客與幫派份子手中。湯普生衝鋒槍很快地變成他們愛不釋手的武器。特別在西元1929年情人節大屠殺（St Valentine's Day Massacre）亮相後，更顯得惡名昭彰。

「芝加哥黑道大哥紀念情人節的方式，是用機槍掃射出瀑布般的子彈，結果就是七名北邊幫（North Side Gang）中喬治・瘋子莫藍（George Bugs Moran）與狄恩・歐班寧（Dean O'Banion）的手下死在血泊之中。這是本市地下社會最血腥的一次屠殺」。第二天，紐約時報這樣報導：「一名穿著警察制服的人，可能命令他們排成一列……據信他們得到上面的命令：『給他們吧』，接著槍支開始怒吼，那陣陣的噠噠噠槍聲，就像巨型打字機發出的打字聲」。於是，這把稱為湯米槍的傢伙，也得到了「芝加哥打字機」的封號，成為經濟大蕭條時代（the Depression-era）各路盜匪，像是鴛鴦大盜邦妮（Bonnie）與克萊德（Clyde）、約翰・狄林傑（John Dillinger）、漂亮男孩佛洛伊德（Pretty Boy, Floyd）等人的愛用武器。

而湯米槍在情人節大屠殺的演出，還間接促成了美國司法實驗室早期最重要的科學犯罪偵察實驗室（Scientific Crime Detection Laboratory）。當時凱文・哥爾德（Calvin Goddard）身為司法科學家的先驅，同時也是槍械愛好者，成功以顯微鏡進行槍械檢驗，確定了大屠殺當天的凶槍就是兩把湯米槍。這場大屠殺與其他類似的暴力案件，激起了大眾激烈議論，最後在西元1934年達到巔峰，促成了美國國家槍支法。湯普生衝鋒槍因此公認為催生美國第一條槍械控制法案的武器。

另一方面，執法單位慢了好幾拍才開始裝備湯米槍，自動槍械公司此時如此推銷自家產品：「只賣給法治與秩序這一邊」，一廂情願地堅持「這就是為什麼盜匪們自願向拿著湯普生衝鋒槍的人投降，因為他們知道站在湯普生衝鋒槍前面是沒有生路的」。

終於走進部隊

隨後，美軍也開始裝備湯普生衝鋒槍，最初先是海岸防衛隊，西元1928年海軍也加入行列，而海軍陸戰隊則是在1930年代開始使用，但陸軍一直拖到1938年才買單。此時，德國與蘇俄早就一頭衝進衝鋒槍的懷抱。1920年代，德國與蘇俄進行了一項秘密的武器發展合作計畫，蘇俄希望得到德國技術專家的協助，德國則打算以此規避西元1919年〈凡爾賽條約〉的嚴苛限武條文。

合作開發的結果是德國人得到MP38

柏格幫（Birger Gang）成員在一棟位於伊利諾州夏迪．瑞斯特（Shady Rest）的老屋前拍下大合照。老大查理．柏格（Charley Birger）就坐在駕駛座車頂，穿著防彈背心，手持湯普生衝鋒槍。

衝鋒槍，而蘇俄得到捷格加廖夫衝鋒槍（Pistolet-Pulemyot Degtyarova, PPD）。俄國更繼續研發出PPSh41型並進行量產，這把衝鋒槍對缺乏訓練的士兵們來說是完美的武器，特別是在俄國指揮官偏愛的近接戰鬥中。反觀德國，他們更早配備衝鋒槍，並懂得完全發揮它們的優點。MP38衝鋒槍便在德軍發動的閃擊戰扮演重要的角色。西元1940年後，才有更便宜的改良版MP40衝鋒槍，取代了MP38（這兩型衝鋒槍都被誤稱為施邁瑟[Schmeisser]，其實施邁瑟是另一種截然不同的槍支設計）。第二次世界大戰時期，MP40衝鋒槍出產了超過百萬把。

英國也有自己量產的斯登衝鋒槍（S.T.EN.），取名自發明者斯普荷德（Shepherd）、圖賓（Turpin），以及位在恩菲爾德（Enfield）的輕型槍械工廠，價錢只要湯普生衝鋒槍的十二分之一（西元1941年發行的斯登第一型衝鋒槍，生產成本只要2.5英鎊）。雖然這把衝鋒槍不太可靠，容易意外走火，無法進一步普及。但到了1945年它也製造了約四百萬把，大多數提供給各地反抗軍。

同時，湯普生衝鋒槍也被修改成更簡單的版本供給軍方使用。其中M1A1衝鋒槍取消了前握把與鼓式彈匣，並簡化了氣體反衝的設計。這版本從太平洋到歐洲戰場都廣受官兵歡迎。甚至到了戰後，湯普生衝鋒槍還繼續改良，不過逐漸被新出現的突擊步槍取代，但其自1921年以來，仍生產了約一百七十萬把。現代化的衝鋒槍像是烏茲（Uzi）、英格拉姆（Ingram）等，較接近全自動手槍而非步槍。

任何一個能夠射擊手槍的人，都能用湯普生衝鋒槍表現更好。

——西元1927年，自動槍械公司的湯普生衝鋒槍價目表標語。

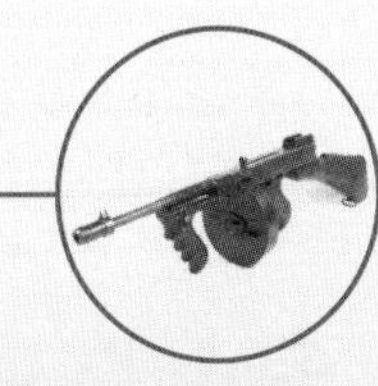

34

發明者

John M. Browning

約翰・白朗寧

白朗寧M2重型機槍

Browing M2 Heavy Machine Gun

社會

政治

戰術

科技

種類

重型機槍

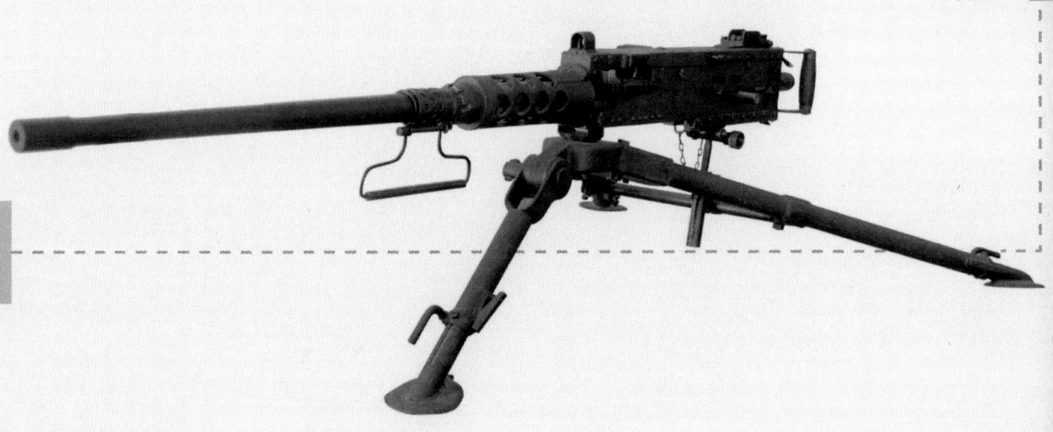

美國騎兵的馬上長槍。

——《美國國防工業日報》(*Defense Industry Daily*)

西元1921年

白朗寧M2重型機槍，也被美國人膩稱為「二號」（Ma Deuce，Model 2的諧音），是火槍歷史中功能最多、最長壽也最有效率的武器之一。令人訝異的是，直到今日的各地軍火庫中，它仍然擁有重要且隨處可見的地位。在面世已有接近一世紀的時光，它的設計與第二次世界大戰使用的版本只有些微不同。

約翰・白朗寧

無可阻擋

重型機槍可提供強大的壓制火力，因此在爭取戰場主導權的戰爭哲學觀上，是具有關鍵地位的重要工具，而白朗寧M2重型機槍就是這個領域的佼佼者。最初，它的前身是輕型機槍。西元1900年，約翰・白朗寧取得了他的第一個專利，一種利用後座力自動裝填的機槍。到了1910年，他製造出一把0.3英吋口徑的三腳架機槍，並附加水冷套組，射速達到每分鐘五百發。相對於已經榨乾歐洲市場的馬克沁機槍（第112頁），這把機槍的優勢在於更短更輕，全部裝備重量才42公斤，遠低於馬克沁機槍的64公斤。而它的後座力檔片閉鎖機構也比馬克沁機槍簡單許多，因此製造與保養更加容易。

然而，在西元1917年美國決定參加第一次世界大戰以前，美國政府對白朗寧的機槍設計並沒有太大興趣。直到參戰時才發現美軍幾乎沒有機槍可用，才趕緊尋求本土廠商提供樣品。此時的白朗寧已經開發出近乎完美的1910年版機槍，並在1917年5月帶到軍方位於春田兵工廠的政府試驗場進行試射。試射條件之一是連續開火射擊兩萬發子彈，白朗寧機槍不僅完成這項測試，更是沒有發生任何卡彈或零件故障；讓眾人驚訝的是，白朗寧又用同一把槍射擊了兩萬發子彈，也只發生一個小零件的失誤。兩個多小時的時間裡，這把機槍射光了四十箱中共四萬發的子彈。

M1917型白朗寧機槍雖然進入量產，但還是太晚投入戰場，對第一次世界大戰沒有造成太多影響。但它實在是把效率極高的武器，在後來的第二次世界大戰與接下來的戰爭中，都展現優異的戰績。其中一項傳奇性史實，是身為M1917機槍小隊成員的美國海軍陸戰隊排士官米歇爾・派吉（Mitchell Paige）創下，當他在戰場上發現只剩自己可以操作機槍，以阻止日本士兵突破所羅門群島（Solomon Islands）的防線時。他回憶道：「我不斷扣著板機，射出大量子彈，直到槍管冒出蒸氣。前面是成堆的屍體。我跑過周圍架設機槍的土堆，

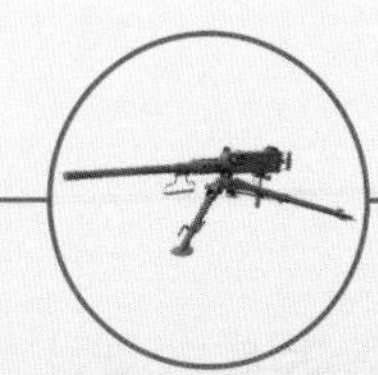

西元1944年夏天所拍攝，照片中的這具三腳架上的M2HB機槍協助解放了法國諾曼地的城鎮。

到不同據點的機槍持續開火，但在每個機槍據點，我只發現屍體。我知道一定只剩我一個了」。另一項傳奇是海軍陸戰隊的槍砲士官約翰・巴塞隆（John Basilone），他在瓜達卡納島（Guadalcanal）上靠著自己的M1917機槍「徹底殲滅一整營日本軍團（約三千人）」，官方報告如此記載。巴塞隆後來戰死在硫磺島（Iwo Jima），而他的家鄉則樹立了一座他扛著M1917機槍的紀念雕像。

更大更強悍

第一次世界大戰進入尾聲時，美軍總司令約翰・潘興將軍（John Pershing）要求發展更重型的機槍，須有穿甲能力，以及足以進行防空、反裝甲車輛與對抗炮兵的更遠射程。白朗寧於是將 M1917升級成M1921版本，可以發射威力更大的0.5英吋口徑子彈。白朗寧死後，機槍在1930年代持續發展，最終誕生了M2重型機槍，依功能不同，外型略有差異，從步兵支援火力到裝載在船隻、飛機、坦克、吉普車，甚至是改裝成防空機槍座。飛機配置的M2機槍可以做成氣冷式；若在船隻上，重量的問題便不大，可以配置成水冷式。在陸地使用時，便可拋棄水冷裝備以節省重量，然而，如此便有槍管容易過熱的問題。為此便開發出更厚重的槍管，以便吸收與排放積熱。這種改良M2機槍也稱為重管型M2機槍（M2 heavy barrel, M2HB），在1933年問世之後，直到今天還廣泛使用中。

大口徑子彈與高槍口初速（每秒890公尺）讓M2機槍的投射距離非常遙遠：它的有效瞄準射程達到1,829公尺，但子彈其實可以飛到6,803公尺外。而0.5英吋口徑的穿甲彈則能輕易擊穿飛機的引擎檔板、外殼與油箱，還有半履帶裝甲車及輕型裝甲車輛等。M2機槍是相當可靠的火力，第二次世界大戰結束時，操作統計指出每射擊四千發子彈才可能卡彈一次。在1941到1945年間，美國陸軍工廠總共生產了接近兩百萬具M2機槍，其中四十萬具是地面作戰用的M2HB型。自西元1921年發明白朗寧·50機槍以來，大約造出三百萬具。

剁肉機

M2HB機槍在諾曼地登陸戰（D-day）之後，便在歐陸有十分成功的表現。德軍飛行員特別痛恨這種機槍，當它安裝在坦克或其他載具時，就能提供致命的防空火力，若是少了M2HB機槍的保護，它們則像呆坐的鴨子。其中最令人畏懼的是俗稱「剁肉機」的四聯裝·50機槍輪車組。表面上它只是一種防空武器，但針對隱藏在樹上的德軍狙擊手也非常有用：四聯裝機槍開火後可以輕易撕裂樹幹，把整顆樹打得支離破碎，包括躲在上面的狙擊手。自二戰以來，M2機槍幾乎參與了所有人類的戰爭，成為超過七十五個國家的主要武器。它甚至還被當成狙擊槍使用。

美國海軍陸戰隊的傳奇狙擊手卡羅斯·海斯卡克（Carlos Hatchcock）在他的M2HB機槍上加裝狙擊鏡，曾在約2,250公尺的距離射殺一名越共士兵，此項最遠的狙殺記錄直到1992年才被打破。M2HB機槍還參與了許多英雄的事蹟，包括美國史上贏得最多動章的二戰士兵奧迪·墨菲（Audie Murphy）。西元1945年1月的法國戰場上，墨非跳到一臺燃燒中的驅逐戰車頂，以他的M2HB機槍射殺了數十名湧上來的德軍，同時不斷驅離接近的裝甲車輛。在對抗密集的敵軍炮火一個小時後，他奇蹟般地擊退了敵軍，迫使德軍裝甲車輛不得不撤退。也因此贏得國會榮譽動章（Congressional Medal of Honor，美國軍人最高榮譽）。

一臺M45四連裝·50口徑的對空機槍組，又名「剁肉機」，其中每具機槍都配置了稱為「墓碑」的彈藥箱。

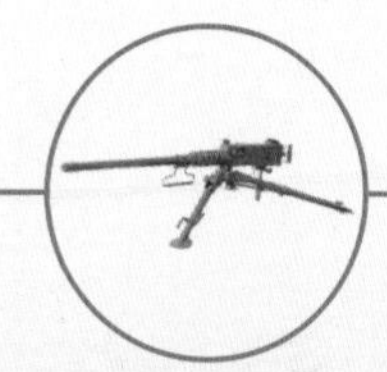

35

發明者

John C. Garand

約翰・格蘭德

M1格蘭德步槍
M1 Garand

種類

半自動步槍

社會

政治

戰術

科技

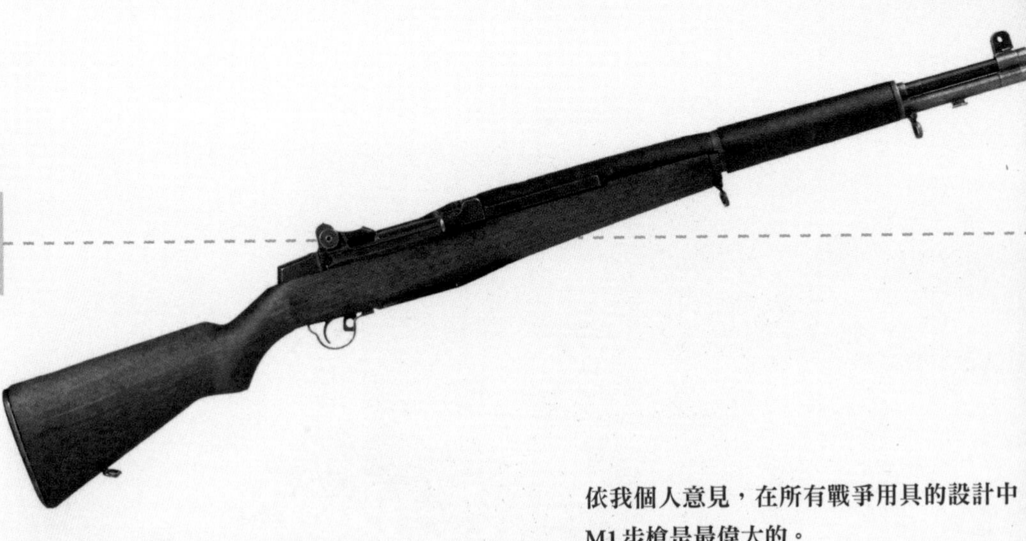

依我個人意見，在所有戰爭用具的設計中，M1步槍是最偉大的。

——喬治・巴頓將軍（General George S. Patton, Jr）

西元1936年

M1格蘭德步槍是第一把成為美國國家部隊標準配備的半自動步槍。西元1936年配發給美國陸軍，美國步兵部隊也因此在踏進第二次世界大戰戰場時，裝備著比其他參戰國軍隊更優秀的步槍，這把步槍不斷受到其他國家軍隊豔羨又嫉妒的目光，也讓擁有它的士兵特別看重它。就像巴頓將軍曾說過的那句名言：「在所有戰爭用具的設計中，M1步槍是最偉大的」。道格拉斯・麥克阿瑟將軍（General Douglas McArthur）更認為：「這把M1格蘭德步槍是我們的武裝配備中，貢獻最大的夥伴」。

機械問題

自馬克沁發明第一把成功的全自動武器開始（第112頁），輕型槍械設計者便一直致力於槍械的機械理論，企圖開發更小的全自動武器。但是同樣的自動裝填機械原理卻無法應用在小型槍械，因為自動裝填機制原本是利用子彈火藥爆發產生的力量，將其導引至自動裝填裝置將下一顆子彈上膛。舉例來說，馬克沁利用後座力、白朗寧則是從槍口收集火藥爆炸後自槍管排出的高壓氣體。但是，火藥爆發的力量十分強大，需要沉重而強韌的機械構造，才有辦法承擔強勁的高壓高熱與衝擊力量。擁有三腳架的重型機槍等大型槍械，因有緩衝設計就能使用這類機械設計，但如此的重量無法應用在抵肩射擊的步槍。然而，這類相對輕量化的槍械才是步兵的主要戰鬥武器。雖然較小、威力較弱的手槍，射擊時產生的後座力較小，而讓全自動（或半自動）的手槍很快地成功發展出來。但是，要能實際將自動裝填理論應用在抵肩步槍上，卻是個艱困的任務。

步槍自動化的主要障礙，很早就為人所熟知。西元1903年，就在M1903拉栓式春田步槍成為美軍標準器並配發部隊後不久，輕兵器開發總監描述這項技術挑戰：「將手動上膛的彈匣步槍替換成半自動步槍，需要同時考慮戰術需求與機械原理等方面。至今，機械技術還無法解決這些問題，還沒有任何稱得上自動的步槍提交給軍方部門進行驗證與測試……」。無論如何，美國軍方始終認為M1903春田步槍的後繼者應該就是把半自動步槍，因此仍對這方面的發展保有相當興趣。半自動步槍所謂的「半」（Semi-）是指槍膛排出已擊發的空彈殼，並自動填裝下一發子彈，但是最後還是需要扣下板機才會擊發子彈。

對高層軍官來說，這種裝填方式比全自動射擊更合理，因為可以避免普通士兵一口氣就把子彈打光，徒然浪費子彈。但相對於需要士兵手動拉栓上膛的春田步槍，士兵必須移開視線，待上膛後，再回來重新瞄準，半自動步槍可以讓士兵專注

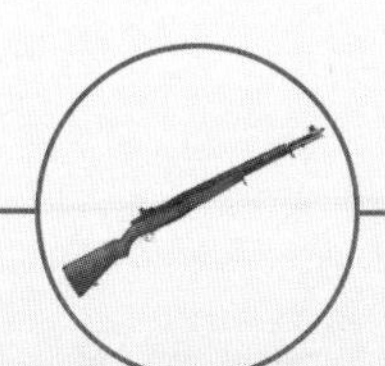

於前一發射擊的精確度，立即調整下一發射擊，射擊的成效也會因此有巨大的改善。

幾乎就在第一次世界大戰結束的同時，美國輕兵器委員會（US Ordnance Board）開始要求半自動步槍的開發。雖然當時已有好幾種成功的半自動獵槍面世，但是它們使用的是威力相對較弱的子彈。輕兵器委員會面對的主要問題，在於美軍主要通用的子彈是1906年式0.3英吋口徑子彈。根據協助格蘭德發展半自動步槍的朱利安・海切爾少將（Major General Julian Hatcher）記載：

「它是所有抵肩步槍中最具威力的子彈之一……它的彈頭重150粒（Grain，彈頭重量單位，相當於0.0648公克），槍口初速可達每秒823公尺，而每發子彈的無煙火藥可以爆發出每平方英吋5萬磅的最大壓力。同時代所謂的「高威力」子彈，不管是軍用或是狩獵用子彈，它們的正常膛壓都不過是約每平方英吋4萬磅，槍口初速也才到640公尺左右」。這種高威力的子彈對當時的槍支來說負擔太大。海切爾認為這些步槍「簡單來說，就是不是整把槍處處都夠強韌……而且，子彈爆炸火燄帶來的高熱與高壓，以及大量累積的火藥殘粉，在幾發射擊之後，會讓退彈變得很困難，而在快速連續一百發之後，槍托與護手也會被燻得焦黑不堪」。

而最成功的解決方案，來自加拿大出生的武器設計師，約翰・坎提烏斯・格蘭德。西元1919年，春田兵工廠（美國軍方主要的輕兵器開發單位）了解到格蘭德早期設計的可靠潛力，將他招募為旗下工程師。格蘭德在1920年代致力於改進・276英吋口徑的步槍，發展出一種利用氣體的裝置，可以將火藥爆發時，自槍口噴出的高壓氣體以活塞構造引導至可旋轉的後膛機構進行上膛。到了1932年，這把槍也被認為已經夠成功了，足以贏得軍方的訂單。但當時的麥克阿瑟將軍，後來的陸軍參謀長，此時跳進來干預，認為・276英吋口徑子彈威力太弱，必須使用1906年式的・30子彈代替。幸運的是，格蘭德也正研究這種子彈，並在1933年設計出・30口徑子彈的M1半自動步槍。1936年，這把槍已可上裝，雖然氣體利用裝置還在進行簡單化的改良。一直到1914年，半自動步槍總算真正開發完成。

一見鍾情

最後定型的這把武器威力驚人、強韌且可靠。贏得了士兵們的歡迎與熱愛。一名在1950年代接受基本訓練的士兵吉伯特・路易士（Gilbert Lewis）表示：「當我拿到我的格蘭德，便打從第一眼愛上了它了，目光直接被它的優美線條抓住，幾乎是以饑渴的眼神打量它的外表……我深深地被M1格蘭德步槍打動，所以甚至還會自願幫忙同營士兵清理步槍！」而羅伯特・威爾森（Robert Wilson）則提到當他與他的

約翰・格蘭德正指著這把步槍的突起處，照片攝於西元1944年。

步槍一起通過基本訓練時：「我從未對成為一名美國士兵感到如此自豪，明白自己手上的M1格蘭德步槍是一把無可匹敵、讓我在任何情況下都能信賴的步槍」。而美國步槍協會（National Rifle association）出版的《美國步槍手》（*American Rifleman*）雜誌在2008年一篇評價將M1格蘭德步槍列為史上第一名的步兵用槍。

不過這把槍還是存在著缺點。格蘭德在八發裝彈匣底部安裝了一個彈簧鐵片，以便將子彈推進彈口。當這八發子彈用盡之後，這塊鐵片會跟著彈起，並發出「乒」的一聲巨響。這對武器來說是一項重大缺陷，因為這種聲響將曝露開火者的位置，還通告敵人自己的子彈已經用盡。

第二次世界大戰中，春田與溫徹斯特兵工廠一共產出了四百萬支M1格蘭德步槍，讓格蘭德成為戰時最普遍使用的半自動步槍。並持續擔任美軍的標準武器，直到1952到1957年的韓戰時期，又生產了另外五十萬隻。最終共有約六百萬支M1格蘭德步槍生產。不過做為一名政府雇員，知名的武器設計師格蘭德卻連半分紅利都沒領到。國會曾經提案要給格蘭德一筆十萬美金的特別獎金，但最後沒有得到通過。

36

發明者

Mikhail Koshkin & the Kharkov Locomotive Factory

米哈伊爾・柯什金與哈爾科夫機械車廠

T-34坦克
T-34 TANK

社會
政治
戰術
科技

種類
裝甲車輛

西元1930–1940年

「第二次世界大戰最佳戰車」的寶座，一直是受到熱烈爭辯的主題。而這臺T-34蘇俄中型坦克，也一直都是熱門候選。就算德軍的五號豹式戰車或其他競爭者各有優勢，還是很難因此忽視T-34坦克為大戰中最重要戰車的事實——更很可能是迄今最重要的一臺戰車，以及二戰中最重要的武器。

坦克戰爭

第一次世界大戰後，英國、法國與美國很快地便遺忘坦克在一戰的重要性，他們紛紛降編或解散原有的坦克戰力。例如，美國的坦克軍團就在戰後全部解編。不過，俄國人與德國人卻了解機動裝甲兵力的價值，西元1932年俄國人組建了七個機械化軍團，每一個軍團配置一百臺坦克；同時，德國人開發了一系列裝甲車輛，並建立了六個裝甲師。

他們也汲汲地追求坦克戰術與戰略的新福音，並鼓吹英國軍事理論家富勒（J.F.C. Fuller）與巴塞爾・李德・哈特（Basil Liddell Hart）的思想。這些裝甲理論先知在自家祖國沒有贏得重視，卻成為閃擊戰（Blitzkrieg）的理論基礎。裝甲理論基本上就是集中大量的裝甲兵形成攻擊矛頭，並以充分後援力量支持，快速無情地突破敵人防線。西元1940年，德國毀滅式地掃蕩整塊歐陸後，坦克擁有的機動力與火力充分展現在世人面前。孱弱又分散的盟軍裝甲兵力在德軍裝甲師前只能產生微小的抵抗作用。最後，德軍征服整個歐洲西部，只花六十天。

完美的平衡

德軍裝甲唯一的重大威脅，來自蘇俄建立的龐大坦克部隊。1941年，德軍製造了五千臺坦克，但蘇俄已擁有兩萬一千到兩萬四千臺坦克，並且能以德國工廠四倍的速度持續生產。根據德軍第七裝甲師師長哈索・馮・曼托菲爾（Hasso von Manteuffel）的看法：「火力、裝甲防護力、速度與越野表現是坦克戰力的核心，最好的坦克必須盡可能地把這些互相衝突的要素，結合在一起」。而這臺最佳坦克就是T-34，在所有當代坦克中，它以最有效率的方式整合各個衝突要素。曾任德軍裝甲兵將軍的陸軍元帥保羅・路德維希・埃瓦爾德・馮・克萊斯特（Paul Ludwig Ewald von Kleist）說，「他們的T-34坦克是世上最棒的」。

西元1943年7月的庫斯克戰爭，紅軍步兵與T-34坦克一起發動攻擊。

T-34坦克的誕生，有賴於俄國在1931年購買的兩臺美國克里斯蒂坦克（Christie）以及它的先進懸吊系統，成為發展T-34坦克的基礎。而蘇俄工程師則努力開發這臺坦克所需的動力，諷刺的是，動力引擎的改良來自德國BMW出產的柴油引擎，並改用重量更輕的鋁合金。T-34坦克裝載的引擎成為第一顆實際應用在坦克的柴油引擎。這顆引擎增加了運作時間及耐用程度，比起同時代的引擎多出了30％以上的動力，也更加強韌而不易受到損傷時起火燃燒。T-34坦克的裝甲厚達45公釐，而大多數德軍坦克僅有30公釐；其裝甲具有傾斜角度與圓滑外型，有助於彈開炮彈；另外，它一開始就裝備了76公釐口徑的主炮，足以擊穿當時絕大多數的坦克。

至於動力方面，因為優秀的推重比（power-weight ratio）與寬履帶設計，加上領先時代的克利斯地懸吊系統（Christie suspension），讓T-34坦克擁有卓越的越野機動力，足以跨越雪地與泥濘，最高速度可達每小時51公里，相較之下，同時期的德軍三號與四號戰車只有時速35公里。最重要的是，相對簡單的機械設計讓T-34坦克的維修簡易且可大量生產。

即便如此，仍有許多貶抑批評。例

它是第二次世界大戰裡，所有攻擊兵器最優秀的模範。

——腓德烈克・威廉・馮・梅倫廷

（Friedrich Wilhellm von Mellenthin）

如，車內空間狹小，完全沒有考慮乘員的舒適，甚至是安全問題。當坦克被摧毀時，只有25～30％的乘員能夠存活，光是1943年就有一萬四千名坦克兵戰死。另外，它的噪音大到500公尺以外就能聽見聲響，因此給了敵軍做好迎擊的準備時間。

數目的重要

在米哈伊爾・柯什金與烏克蘭哈爾科夫機械車廠的開發之下，最早的T-34坦克原型車於西元1939年問世。1940年苦寒的冬天，柯什金以兩臺最初的原型通過了長達2,880公里的艱困試車考驗，證明了它的強韌耐用。然而，這趟旅程也使得柯什金感染肺炎，不幸喪命。這臺坦克接著為軍方接受，在1940年經過部分改良後，以T-34/76（76指搭載76公釐口徑主炮）型號進行量產。T-34坦克曾在六家不同的工廠生產，並成為第二次世界大戰中生產數量最多的坦克。西元1941年6月22日，當德國入侵蘇聯時，蘇聯已經生產了一千兩百二十五臺T-34坦克。蘇俄快速成長的軍力形成一股威脅，這也可能是促使希特勒決定盡快入侵蘇聯的重要因素。

一開始，德軍裝甲軍力超越蘇聯，並快速征服蘇聯的大片領土。但到了1943年，局勢的天秤驟然轉為不利德軍。這並非戰爭策略使用得宜或是獲得戰場的勝利，而是單純因為的經濟能力與工業產能，特別是坦克的生產數量。西元1943年，德軍產出五千九百六十六臺坦克，剛好是1941年的兩倍左右，然而美國則是產出兩萬一千臺坦克，英國生產了八千輛，蘇俄也製造了一萬五千輛坦克。

生產一臺T-34坦克需要3,000小時，相對生產一臺德軍坦克卻需要55,000小時。雖然戰時物價很難精確計算，但是蘇俄生產坦克的成本，粗估應只需德國的一半；以1943年的物價計算，大約分別要價美金25,470元與51,600元。

最終決定性的衝突，發生在西元1943年7月的庫斯克戰場（Battle of Kursk）。這場戰爭中，充分表現了兩軍之間不對稱的生產數量。德軍集中了兩千臺坦克，卻發現他們面對的是大約六千臺蘇俄坦克，另外再加上約六千門的反坦克炮。在T-34坦克發動反擊前，俄軍已經摧毀了接近半數的德軍坦克。

為了對應T-34坦克的挑戰，德軍坦克的設計明顯進步了許多。例如，其後的德軍五號坦克，就被認為是第二次世界大戰最優秀的多功能坦克，但它來得太晚，數量也太少。到了西元1944年，T-34坦克已經裝上威力更大的85公釐口徑主炮，足以擊毀德軍的五號與虎式坦克（Tiger tank），這一年俄軍製造了一萬一千臺T-34/85坦克。到了二戰結束時，俄國建造了超過八萬臺T-34坦克，它們持續服役到戰後，有些國家更繼續使用它們超過六十年。

37

發明者

Fritz Gosslau, Walter Dornberger, Wernher von Braun and others

福瑞茲・古斯勞、瓦爾特・杜恩伯格、華納・馮・布朗等人

V武器
V Weapons

社會 ■
政治
戰術
科技 ■

種類
飛行炸彈與彈道火箭飛彈

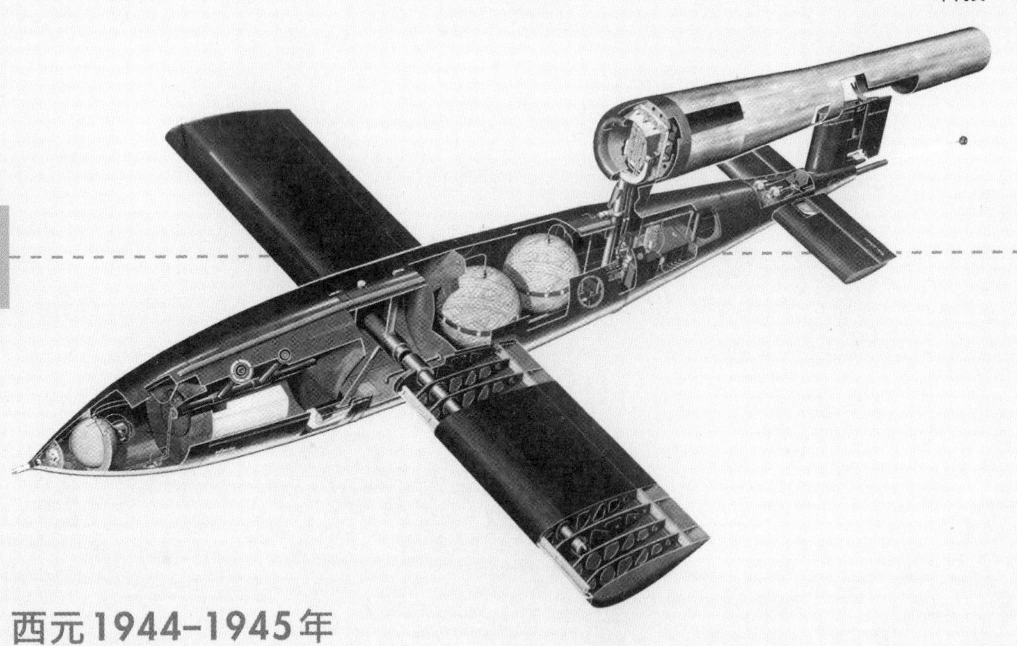

西元1944–1945年

西元1944到1945年出現的德國「復仇武器」(Vergeltungswaffen),無論是戰術或戰略,都沒能造成太大影響。然而其所帶來的心理打擊,以及數千個家庭受到的傷害,則沉重而深遠。另一方面,包括武器在內許多領域的未來發展,V武器都刻下非常深遠巨大的影響。

火箭人

兩項主要的V武器中,其中之一是V-1飛行炸彈(V-1 Flying bomb,飛行炸彈是二戰時期的稱呼,基本上其可說是一種無人飛機,可以算是現代巡弋飛彈的先驅),也稱為凡斯勒Fi-103型(Fiesler Fi-103)飛行器;第二項便是V-2火箭(V-2 rocket),V-2火箭的開發始於1930年代早期。由於結束第一次世界大戰的〈凡爾賽條約〉限制,德國被禁止發展新一代炮兵武器,但條約並沒有限制火箭的開發。當時普遍認為這種源自中國中世紀早期的火箭技術(可能是最早的火藥兵器),雖然引人好奇,卻沒有什麼實際軍事價值。

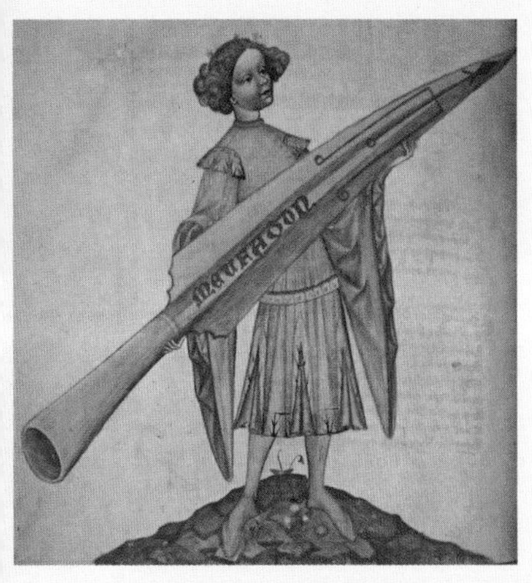

十五世紀早期的繪畫,畫中亞歷山大大帝擺弄著一件神秘武器,據信這是西方文獻關於火箭最早的描繪。

火箭是一種依照牛頓第三運動定律(作用與反作用力)運作的裝置。因此,當灼熱氣體往火箭的一端噴發時,就會把火箭本體朝另一個方向推送出去。火箭本體是一個管狀物,其中一端開孔,並在開孔處填裝推進劑(可以在此端開口爆發並推動火箭前進的物質)。推進劑可以是高壓下噴出的水,或是以爆炸產生熱氣噴射的燃劑。因為推力由火箭本體產生,所以不會對發射架施加後座力,因此即使安裝在相對輕量的發射架上,仍可以在擊中目標時產生巨大的衝擊能量。

中國與印度的軍隊曾建造過某種火箭。特別是印度人的火箭讓英國的威廉・康格里夫爵士(Sir William Congreve)據以

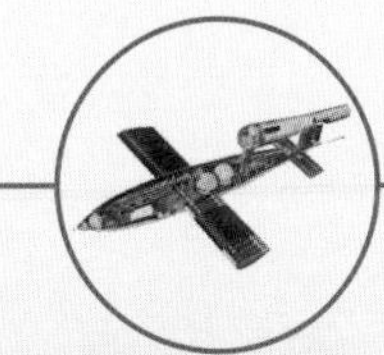

開發出「康格里夫火箭」，此火箭在十九世紀早期曾被英軍與美軍使用，但無法在威力、精確度以及射程與當代炮兵匹敵。因此，當時科學界對火箭科技的關注日漸淡忘，只有科幻小說家與火箭的狂熱愛好者洞見了火箭的潛力，其中包括日耳曼火箭學會（the German Verein fur Raumschiffarht, VfR）。

當德國軍方開始對火箭產生興趣後，便指派了炮兵軍官瓦爾特・杜恩伯格朝此方向發展。瓦爾特便找上了日耳曼火箭學會，並在1932年雇用了火箭愛好者，同時也是位天資聰穎的年輕工程師華納・馮・布朗。他們一起投入軍用液態燃料火箭的開發，但這項研究一開始便十分艱困。西元1934年末，一架稱為A2的小型原型火箭誕生，但仍不算成功。他們又花了十年的時間，才發展出更大型的A4火箭，射程達到322公里，並裝備有效的導航控制系統。藉著混合酒精與過氧化氫（雙氧水）做為燃料，這枚火箭可以在30秒內加速至音速，

一群德國士兵正將V-1飛行炸彈運至準備發射的地點。

並衝上97公里的高空。不過研發過程實在緩慢，而火箭系統既昂貴又複雜，因此一直得不到納粹高層的青睞，尤其當V-1飛行炸彈研發成功後，吸引走了高層目光。

蜂鳴炸彈

V-1飛行炸彈的主要設計概念源自於福瑞茲・古斯勞，他是阿格斯引擎（Argus Motoren）飛行機械製造商的員工，這家公司專門製造搖控飛行偵查器。古斯勞改良了一臺設計精巧卻不失單純的脈衝噴射引擎，只有少數可動零件，因此顯得相對簡單可靠。脈衝噴射引擎的「脈衝」指的是將空氣與一定劑量的燃料混合，然後以火星塞點燃引起爆炸，爆炸產生的氣壓迫使前方進氣遮板關閉，氣體只能向引擎後方強力噴射，進而產生推動本體前進的推力。接著，前方進氣板適時地再開啟並送入混合燃料的氣體，再度引爆後便可產生向後推力，如此反覆地產生脈衝般的推力。這種引擎可以在每秒裡爆發五十次脈衝，並發出一種獨特的嗡鳴，讓倫敦市民聞之喪膽，也因此贏得了「蜂鳴炸彈」、「蟻獅」（doodlebug）之名。

飛行炸彈的開發計畫被德國空軍拒絕過兩次，分別是在1939年與1941年。但到了1942年，終於得到繼續執行計畫的許可。此時，凡斯樂公司的羅伯特・路瑟（Robert Lusser）與古斯勞共同設計了在機背搭載一臺脈衝噴射引擎的飛行器，機身裝

西元1944年，美國急救護理人員正在V-1飛行炸彈轟炸過的倫敦南區廢墟中，搜尋亟需救助的生還者。

有粗壯的機翼，機鼻酬載了炸彈。同時，機身也加裝了導航與控制穩定飛行的陀螺儀、磁性羅盤與氣壓式高度計，可控制方向與水平。它也裝備了簡單的旋翼式測速計，可以計算關閉引擎的時間，讓炸彈在適當的時機失去動力，垂直墜落地面引爆。

西元1942年，盟軍透過情報得知V-1飛行炸彈的開發計畫；邱吉爾便在1943年策畫執行了弩弓作戰（Operation Crossbow）試圖干擾V-1飛行炸彈的生產與發射。盟軍轟炸機出動，攻擊了波羅的海沿岸佩內明德（Peenemunde）的火箭研究中心，但效果不彰。相反地在轟炸發射設施時較為成功，摧毀了九十六座發射器中的七十三座。德軍原本希望每個月可以發射五千枚V-1飛行炸彈，但在實際八十天的攻擊期間，只發射了一萬五百枚（短少了近三千枚）。英國人很快地瞭解到防空炮可以有效對抗V-1飛行炸彈。也因此，雖然V-1飛行炸彈第一週的閃電攻擊（blitz），對倫敦帶來巨大的破壞，但英國在海岸線布下防空炮火後，便有效地阻止了V-1飛行炸彈的攻擊。

V-1飛行炸彈攻勢的最後四週，防空炮火的獵殺率從第一週的24%增加到46%、67%以及最後一週的79%。就算部分炸彈穿過了防禦網，它們的戰術或戰略價值還是十分有限，這是因為準確率實在太低，目標誤差半徑高達13公里（大約是倫敦市中心到倫敦塔橋的距離）。例如，瞄準樸茨茅斯（Portsmouth）發射的V-1飛行炸彈往往最後打到26公里外的南安普頓

（Southampton）。邱吉爾曾批評：「身為武器的V-1飛行炸彈，準確度實在太差。不過，無論在字面上或實質上，它的目的、影響與本質，都是一個貨真價實的武器」。

當盟軍逐漸往歐洲內陸逼近，V-1飛行炸彈的射程便再也無法觸及倫敦。不過，1944年，V-2火箭終於開發完成，加入戰局。西元1944年9月8日起，為期六個月的時間裡，3,172枚火箭逐一射向英國。由於V-2火箭的飛行速度超過音速，因此無法追蹤、攔截，甚至被耳朵聽見，所以也無法在火箭來襲時發出警訊，一直要到火箭落地爆炸後，飛行的轟鳴聲才跟著傳來。V-2火箭的破壞力遠甚V-1飛行炸彈，每枚火箭的致死率達到11.6人，相較之下的V-1飛行炸彈只有2.7人（南倫敦統計數據）。V-2火箭在倫敦散布了駭人的恐懼，英國政府甚至利用這股恐懼，透過諜報人力說服納粹相信英國人已經嚇壞，正決定遷移中央政府到達利奇（Dulwich），位於倫敦南方的小鎮。最後在盟軍打下V-2火箭發射基地時，它已經奪走十一萬五千條人命。

時任納粹軍備軍需部長的亞伯特・史博爾（Albert Speer）堅持如果納粹高層能全力支持V武器計畫，就能在盟軍登陸諾曼地的幾個月前開始作戰。歐洲盟軍統帥艾森豪將軍（General Eisenhower）在那之後寫道：「如果德軍能早些成功完成這些新武器，我們入侵歐洲的計畫很有可能會變得十分艱困，甚至不可能完成」。

英國執行逆火任務（Operation Backfire，以捕獲的火箭與火箭科學家分析相關技術的行動）期間正檢視發射架上的V-2火箭。

這是這場戰爭具有決定性的武器。

——阿道夫・希特勒（Adolf Hitler）對V-2火箭的評語，引述自亞伯特・史博爾的著作《第三帝國內部》（*Inside the Third Reich*）

結構分析

V-1飛行炸彈

[A] 距離控制旋翼
[B] 磁性羅盤
[C] 彈頭
[D] 燃料槽
[E] 壓縮空氣槽
[F] 陀螺儀
[G] 脈衝噴射引擎
[H] 方向舵

V-1飛行炸彈裝有兩個觸發裝置，一個在鼻端，另一個在機腹，無論彈頭以機鼻或機腹著地都可引爆。機翼兩端則裝配氣球繫線切割器，以便破壞英國布置的防空氣球。壓縮空氣則裝在以束帶固定的球狀槽中，用來加壓一旁的燃料槽，並提供動力給機體的飛行控制裝置，包括陀螺儀（gyroscope）與飛行器的控制器（副翼與尾翼的操作）。

38

發明者

Manhattan Project

曼哈頓計畫

原子彈「小男孩」
Mk1 'Little Boy' Atom Bomb

社會
政治
戰術
科技

種類

核子武器

我正著手的實驗顯示原子可以經由人工被分解。如果這個現象屬實，那遠比這場戰爭還要重要得多。

——歐內斯特・拉塞福（Ernest Rutherford），西元1918年

西元1945年

「小男孩」，世上第一顆實戰原子彈的名字，它在西元1945年8月6日在日本的廣島（Hiroshima）上空投下，造成七萬人當場死亡，接下來的數年裡，又再造成七萬人因輻射傷病過世。這顆炸彈催生於人類史上最偉大的科學工程計畫之一，同時也可能是科學發現應用於軍事用途中最重要的一次。它廣泛且深遠地影響了人類歷史的發展，引導人類進入核子時代，並開啟了冷戰時期，讓全球持續陷入核戰災難的威脅中。

茲事體大

原子裡面潛藏的巨大能量，早在二十世紀初就為人熟知，特別是在愛因斯坦（Einstein）著名的能量公式$E=MC^2$（能量等於質量乘以光速的平方）展示了即使是極微小的質量，也能經過適當轉換成為極其龐大的能量；此方程式解釋了一單位物質所蘊藏的能量，相當於它的質量乘以真空中如天文數字般龐大的光速平方。早期原子結構的研究主要由物理學家歐內斯特・拉塞福所完成。到了1918年，拉塞福被指派研究反潛艇，當他被通知相關研究已經遲交時，拉塞福回答：「說話請溫柔一些。我正著手的實驗顯示原子可以經由人工被分解。如果這個現象屬實，那遠比這場戰爭還要重要得多」。然而，在柏納德與福恩・布羅迪（Bernard & Fawn Brodie）合著的武器歷史著作《從弩弓到氫彈》（*From Crossbow to H-Bomb*）認為：「他的研究不會比戰爭更重要，因為這些研究成果讓戰爭變得更重要」。

當時科學家一致認為原子核內部的鍵結力量太強，無法人為介入以釋放內部的巨大力量。不過，也並非每一位物理學家都這麼認為。西元1933年10月，成功開發原子彈的關鍵科學家之一利奧・西拉德（Leo Szilard），提出了啟發性的理論：「如果有某種元素會在吸收一個中子之後，發散兩個中子，那麼就會形成連鎖反應」。中子是一種次原子粒子，不帶電荷，而原子核釋放中子的過程，會伴隨釋放大量能量。西拉德認為如果能產成一連串的連鎖中子散射，就能釋放爆炸性的能量。

西元1930到1939年之間，恩里科・費米（Enrico Fermi）、伊雷娜・約里奧・居里（Irène Joliot-Curie）、奧托・哈恩（Otto Hahn）、莉澤・邁特納（Lise Meitner）、奧托・弗瑞希（Otto Frisch）等眾科學家的努力，終於確認了中子的存在，並且成功展示當時已知最重的元素鈾原子，可在吸收一個中子之後，分裂成兩個原子，一如邁特納與弗瑞希的實驗證明。此結果發表在

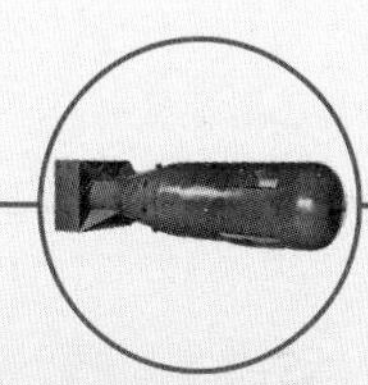

原子彈「小男孩」躺在它的搖籃裡，正準備裝在B-29轟炸機伊諾拉・蓋伊號。

1939年的《自然》(*Nature*)，此現象被稱為「核裂變」(Nuclear fission)。他們也發現核裂變釋放了大量的能量，但當時只有西拉德將這個重要現象，聯想到軍事武器用途。當時他被納粹趕出歐洲而轉往美國定居，並在哥倫比亞大學進行相關實驗驗證了他的想法。他十分關注此研究結果，並開始警告同僚應該對此結果保持機密。

鈾計畫

西拉德與他的同僚，猶太移民愛德華・泰勒（Edward Teller）以及尤金・維格斯（Eugene Wigner），一起要求愛因斯坦寫信給美國總統羅斯福，並請金融學家亞歷山大・薩克斯（Alexander Sachs）親自遞送信件給總統。西元1939年10月，薩克斯逮到吸引總統注意的機會，並舉出拿破崙沒有意識到蒸氣船的重要性，而失去改變歷史走向機會的例子，試圖說服羅斯福。羅斯福最終被核子計畫的潛力打動，立刻招來他的軍事助理，向「老爹」威爾森將軍（General 'Pa' Wilson）說道：「老爹，這事需要立刻行動！」於是美國政府的「鈾計畫」(Uranium Project)便在西元1940年月啟動。

一開始研究的目標在驗證反應堆（成堆的混合鈾同位素）中可控制的連鎖反應，並在1942年12月2日完成。這個反應堆就建在芝加哥大學足球場地底下。不過，若是想要製作炸彈，還需要準備好可以達到臨界質量的特定同位素，比如鈾235就是很好的原料，並適時誘發出失控的連鎖反應。不過鈾235只占天然鈾元素的6.7%。西元1941年11月，美國國家科學委員會（National Academy Committee）預計鈾計畫還需要至少2公斤的鈾235，光是尋求這些原料就是一項困難工程。

西元1942年6月，計畫歸由美國軍方管理，並更名為曼哈頓計畫（Manhattan District Project）。這一年，工程軍團少將雷斯利・葛羅夫斯（Leslie Groves）負責管理，並將其演變成規模空前龐大，結合科學、工程與產業的巨型研究計畫。當時核物理學家羅伯特・奧本海默（Robert Oppenheimer）在新墨西哥的洛斯阿拉莫斯（Los Alamos）創建了研究原子彈本體的物理研究單位。另一方面，是否能以工業生產規模分離出足夠製作炸彈的鈾235，也是同等重要的工作，因此也在田納西州的橡樹嶺（Oak Ridge）與華盛頓州的漢福德（Hanford）建立了大型工廠。

世界的毀滅者

西元1945年7月16日，曼哈頓計畫終於進入收成的時候，並開始在新墨西哥沙漠進行爆炸測試。此次爆炸測試的威力約24,000公噸的黃色炸藥。奧本海默日後表示，那時他憶起了印度古書《薄伽梵歌》（*Bhagavad Gita*）所述：「我轉變為死亡，世界的毀滅者」。

除了測試裝置用掉的存量，計畫本身還儲存了足夠的鈾235與鈽元素，足以製造兩顆以上的原子彈。第一顆稱為「小男孩」，是一枚「槍」型炸彈，設計為用一堆質量略低於臨界反應質量的鈾235，快速撞擊另一堆同樣質量略低於臨界反應質量的鈾235，當兩者碰撞時，便剛好超過臨界質量，接著引發失控的連鎖反應並爆炸。這枚炸彈裝在B-29超級空中堡壘

保羅・蒂貝茨（Paul Tibbets）是伊諾拉・蓋伊號的駕駛，這架飛機以他的母親名字命名，正在駕駛座上揮手，準備出發轟炸廣島。

原子彈「胖子」被扔到了長崎（Nagasaki）。

（Superfortress）轟炸機伊諾拉・蓋伊號，並扔到日本的廣島市。它在離地面580公尺處引爆，威力約15,000公噸的黃色炸藥。炸彈本身只有長3公尺、直徑71公分，其中僅裝有64公斤的鈾235。爆炸的中心溫度達到攝氏3,870度，閃燃的火光讓1.8公里外人們的衣物跟著燒光，而引爆點的地面產生了時速1,577公里的暴風，壓力達到每平方英尺3,900公斤。甚至到了約1公里外的風速都還有每小時998公里。

爆炸中心的13平方公里內完全夷平。伊諾利・蓋伊號轟炸機的尾部機槍手，上士喬治・卡隆（George Caron）描述看到的光景：「這朵蕈狀雲本身就是一幅壯觀驚人的奇景，一團發泡的紫灰色煙霧，你可以看到火紅色的核心，並了解到裡面所有的東西都正在燃燒……它看起來像是岩漿或糖蜜狀的東西，蓋住整座城市……」。轟炸機的副駕駛羅伯特・路易士上尉（Captain Robert Lewis）則描述：「我們兩分鐘前看到一片清徹的城市，現在再也看不見了。我們可以看到的只有煙霧與火光，在山脈邊緣翻滾蔓延」。

讓太陽擁有威力的力量被釋放了，並對付在遠東挑起戰爭的人。

——美國總統哈利・杜魯門（Harry Truman），接到廣島毀滅的消息後如此表示。

長崎原爆後升起的蕈狀雲，下方直徑4.8公里的範圍都涵蓋在爆炸之中，造成四萬人直接死亡並摧毀全城三分之一的建築。

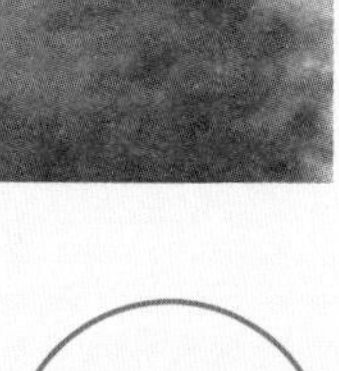

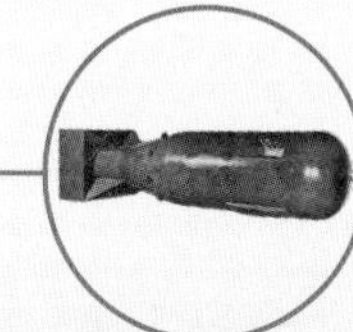

原子彈「小男孩」

39

發明者

Mikhail Kalashnikov

米哈依爾・卡拉什尼柯夫

AK-47卡拉什尼柯夫突擊步槍
Kalashnikov AK-47

社會
政治
戰術
科技

種類
突擊步槍

卡拉什尼柯夫的突擊步槍有數不清的變形版本，並分別在幾十個國家製造……這些槍都可以追溯到同一根源，那便是米哈依爾・卡拉什尼柯夫。

——戈登・洛特曼（Gordon Rottman），《AK-47突擊步槍》（*The AK-47*），西元2011年。

西元**1947**年

AK-47是米哈依爾．卡拉什尼柯夫的個人創作。戰前對工程學養成的興趣與知識，加上第二次世界大戰戰場的直接經驗，讓卡拉什尼柯夫擁有開發新一代理想步兵用槍的條件。西元1943年布良斯克（Bryansk）戰役使卡拉什尼柯夫負傷入院，他開始描畫新型步槍的原型草圖，而AK-47就在這座醫院有了雛型。

米哈依爾．卡拉什尼柯夫

宣傳與抄襲

卡拉什尼柯夫被指示這把新武器應搭配7.62公釐口徑、39公釐長（7.62x39mm）的子彈，這種子彈是伊利沙羅夫（Elisarov）與西敏（Semin）在1943年研發。卡拉什尼柯夫起初的設計，並沒有贏得蘇聯軍方高層的青睞，反而是蘇達耶夫（Sudayev）的PPS43型衝鋒槍比較受到偏愛。然而，由於卡拉什尼柯夫身為獲勳的戰爭英雄，對蘇聯政府來說還有宣傳效果，即使還有其他成功的設計方案，卡拉什尼柯夫最終仍擔任該武器設計團隊的領導角色。最後的設計融合德國Stg-44突擊步槍（Sturmgewehr 44）的外觀與瓦斯復進系統，以及雷明頓第八型步槍（Remington Model 8）的安全裝置，還有M1格蘭德步槍的板機與槍托設計。不過要說卡拉什尼柯夫偷抄了德國與美國的設計並不公平。突擊步槍的發展是一種演化過程，靠著經歷戰火嚴苛考驗而生還的戰士促成一代代步槍的誕生。因此，雖然這四種武器彼此的設計十分相似，但抄襲的批評不僅完全沒有根據，也無視AK-47主要設計概念與前代步槍有何不同。

AK-47的設計組件既簡單又堅固，可以輕易地大量生產，也能長時間操作（一般而言，可以順利射擊六千發到一萬五千發子彈）。當它進入量產，兵工廠只要簡單調整機器就能生產，讓紅軍在1956年收到了數量可觀的AK-47。正確來說，一直到1959年，AK-47的名字仍是AKM-47，其中「M」代表「現代」。然而，自第一把AK-47出廠後，無論多少變型版本隨後產出，AK-47還是最廣為流傳的名字。

武裝步兵大軍

第二次世界大戰初，蘇俄前線的開場幾乎是崩毀式的一面倒，這樣的狀況在1939到1941年德軍入侵波蘭與法國的閃擊戰中曾驚鴻一瞥。不討喜的夏季天候、沙塵漫天的草原，與冬季冰點以下的酷寒，都成為戰場殺戮的一部分。大量彼此交叉

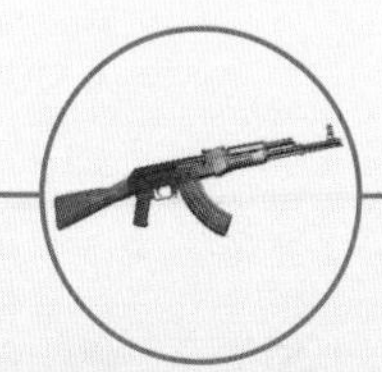

包抄的街道與近身肉搏讓戰鬥狀況極為殘酷與血腥。而在如此的氛圍下，武器科技得到了全面且突進的演化，但對一般士兵來說，手中武器的進步才是最關鍵的。

促成軸心國與蘇聯步兵手持武器進步的三個關鍵因素，包括嚴酷的氣候變化；補給線被大幅拉長，使得機械維修與物資補給的機會得之不易；最後是雙方都徵用大批士兵參戰，經過簡短且效果十分有限的基本戰鬥訓練，就被送上戰況日益殘酷激烈的前線。因此，單兵手持武器必須能夠快速上手且應付多種戰況。西元1943到1945年間，現代部隊對於突擊武器的基本要求已經釐清。令人驚訝的是，直到二戰結束時的俄國戰線，才發展出最終版本的突擊步槍。而誕生於冷戰時代蘇聯的AK-47，同時也是共產主義意識形態的產物。它屬於人民大眾，是讓人民做主的武器，任何工人與農民都可以隨時上手，拿著它徵召成為紅軍士兵。

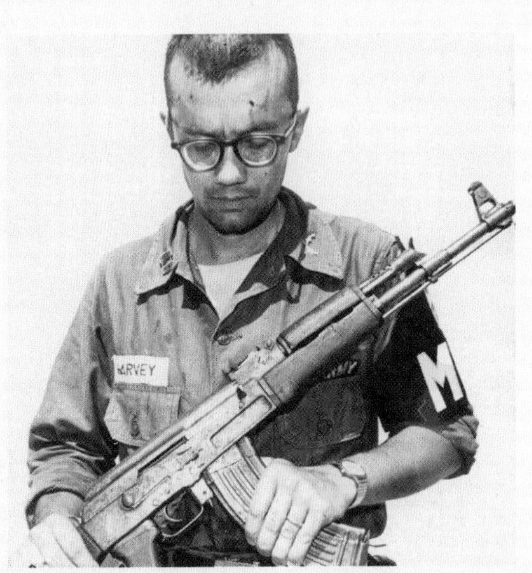

越戰期間，一名美國憲兵檢查一把擄獲的AK-47。

由此觀點，AK-47不僅身為突擊武器，更已轉變為象徵性武器。雖然AK-47沒有在任何一場戰役或軍事衝突扮演過決定勝負的角色，但它無疑是全世界最知名、最廣泛使用的槍械。有兩個關鍵因素促成了AK-47的設計、生產，也解釋了其轉變為象徵性武器的緣由。首先，AK-47成為蘇聯的制式武器，開始從東歐一路傳到所有共產國家。它也在各地共產主義領導的解放戰爭中貢獻良多，例如越共掀起的越南解放戰爭。而蘇聯有意無意為AK-47塑造的意識形態，讓它成為代表人民的武器，甚至成為一些國家與政黨的旗幟徽樣，如莫三鼻克（Mozambique）的國旗與黎巴嫩真主黨（Hezbollah）的黨徽。另外一項重要原因，是學會使用AK-47只需要非常簡單的訓練，它同時堅固耐用，可在艱困惡劣的環境下運作，更鞏固了AK-47傳奇般的可靠性。直到今天世界各地的精英部隊，包括美國海軍陸戰偵搜隊（US Marine Corps Recon）以及英國特別空勤隊（UK Special Air Service），都將AK-47列入標準訓練課程，而伊拉克與阿富汗前線的一般士兵更是普遍愛用AK-47。

結構分析

AK-47

AK-47開始生產後的第五十年，卡拉什尼柯夫相當懊悔他的發明可能是當代帶來最多死亡人數的機器。數百萬支AK-47授權生產的同時，由於它太容易大量製造，所以有更多仿製品在未經授權的狀態下產出，直到今日依然。不僅是鍍金或鍍鉻版本的AK-47被製造出來，還有更多廉價的仿造版本在各地民兵、恐怖份子與兒童兵手中成為殺戮工具，造成數以百萬計的死亡。

重點特徵

金屬槍匣

原始設計採用衝壓（stamped）製造金屬槍匣，但發現這是項缺點。在改裝早期的莫辛－納甘（Mosin-Nagant）步槍採用的機械組合式槍匣後，才解決這項問題。這些改良延遲了AK-47配發到紅軍部隊的時程，直到1956年才抵達他們手中，但這是讓AK-47成為可靠武器的關鍵因素。

- [A] 層壓木製固定式槍托
- [B] 槍管瓦斯室
- [C] 三段安全鎖栓：安全鎖、全自動射擊、半自動單發射擊
- [D] 獨特三十發裝半月型彈匣
- [E] 可調式鐵製照門，有效距離800公尺
- [F] 層壓木製托腮板
- [G] 原始版本裝有鋼製金屬槍柄，後期版本採用木製槍柄
- [H] 槍管固定架，可裝置刺刀或40公釐榴彈投擲器

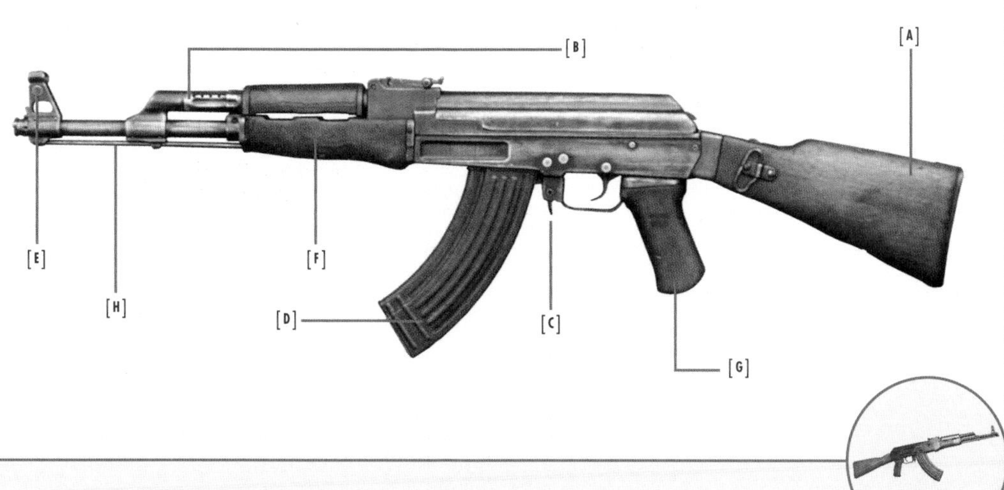

40

發明者

Uziel Gal

烏茲・蓋爾

烏茲衝鋒槍
UZI

種類

衝鋒槍

社會

政治

戰術

科技

我會秀出我的槍，

我的烏茲重一噸／因為我是公敵第一名。

——饒舌樂團Public Enemy的〈我的烏茲重一噸〉（My Uzi Weighs A Ton）

西元1949年

雖然烏茲衝鋒槍看起來與湯普生衝鋒槍（第138頁）明顯不同，但兩把槍其實有許多共通點。兩者都是相當普及的衝鋒槍，有聰明精巧的設計，且都成為幫派與動作英雄的文化象徵，也變成好萊塢明星的招牌。它們在戰場上證明了自己的價值，足以應對各種不同的威脅。而在人類槍械史上，它們皆擁有不容動搖的地位。不過，與湯普生衝鋒槍不同的是，烏茲衝鋒槍生產成本相當低廉，距其誕生六十年後的今日，依然在世界各地服役。

新的國家、新的武器

烏茲衝鋒槍是因應第一次世界大戰壕溝戰場特殊需求的武器類型。它在短距離交火中能投射大量火力的特性，日漸受到士兵與軍事參謀的重視，具有與火力強大的長射程武器同等重要性。因此，到了第二次世界大戰之後，衝鋒槍成為軍火庫不可或缺的裝備之一，或許已比傳統抵肩步槍更為有用且重要。

二戰結束後不久的1948年，以色列正在中東地區獨立建國，隨即陷入周圍阿拉伯鄰國的群起圍攻。以色列國防軍（Israeli Defense Force）以戰後各國多餘的軍事武器與資源拼湊出的軍火與入侵者戰鬥，同時了解，未來應無法避免這樣的戰爭，因此需要更可靠且安定的軍火支援。國防軍隨即指派人員開發新一代的衝鋒槍，其中最優秀的就是中尉烏茲・蓋爾設計的作品，這把槍也以他的名字命名。蓋爾的烏茲衝鋒槍受到當時的衝鋒槍啟發，其中最重要的包括捷克的CZ23型與CZ25型衝鋒槍，或稱為Samopal 23/25型（Samopal，捷克語的衝鋒槍）。在這兩型衝鋒槍前輩身上，可以看到烏茲衝鋒槍的主要設計特徵。然而，CZ23型只有在1948年短暫生產過，蓋爾也是在該年設計出自己的衝鋒槍，他是如何取得CZ23，並得到靈感至今不得而知。或許他早先就有機會觀察到原型槍，或自英國其他類似的開發中原型槍間接得到靈感。

CZ23型衝鋒槍使用9公釐口徑子彈，具有包覆式槍機（wraparound bolt）與握把式彈匣（pistol-grip magazine）合一設計，而CZ25型則配有折疊金屬槍托。這些設計都成為烏茲衝鋒槍的特徵。包覆式槍機縮短了槍機長度，並將槍管縮入槍匣以縮短槍身總長度，但不影響槍管長度以維持彈道準確性。而裝置在中空槍柄的彈匣，可讓這把槍體積更小巧，而槍支重心更容易掌握，可以有效控制開火與快速射擊時的後座力。烏茲衝鋒槍採用9公釐口徑帕拉貝倫（Parabellum）手槍子彈，這種子彈沒有像司

邁利步槍或春田步槍使用的1906年式．30口徑子彈那樣威力強大，但在短距離還是有足夠的壓制力。

蓋爾的設計還有其他優勢。這把槍具有堅固、簡單且容易生產的衝壓鋼製槍身，還可將砂石與碎屑擋在槍外，避免槍械故障，因此也成為中東環境下可靠耐用的武器。西元1950年國防軍選中了蓋爾的烏茲衝鋒槍進行開發，到了1952年更以蓋爾的名字申請專利，但製造權簽署予以色列國營軍事產業公司（Israeli Military Industries，現在的以色列武器工業公司）。1954年，烏茲衝鋒槍配給以色列部隊，並在1956年的蘇彝士運河戰爭（Suez Campaign）亮相。烏茲衝鋒槍有可折疊木製槍托版本與更知名的可折疊金屬槍托版本。

一名內蓋夫沙漠（Negev desert）輪值中的以色列衛兵，手持裝有槍托的烏茲衝鋒槍。

動作巨星

烏茲衝鋒槍在以色列與中東國家一系列的軍事衝突中，成功證明它的重要性，因此受到以色列士兵的尊敬與歡迎。例如，西元1967年的六日戰爭，傘兵部隊進行逐屋戰鬥時，烏茲衝鋒槍剛好完美地在狹小作戰發揮快速開火的威力。這場快速攻占古城耶路撒冷的戰爭中，一名初次上戰場的傘兵生動地描述了開火經驗（同時也是殺人經驗）。當時他面對面遇到一名壯碩的約旦士兵，他回憶道：

「我們瞪著對方半秒鐘，然後我知道機會在我這邊，這裡沒有別人，我得自己動手殺了他。整件事的發生在不到一秒之間，卻像慢動作影片一般刻在腦中。槍在臀間高度開火，子彈掃過牆壁打在他左邊約一公尺。我移動手上的烏茲衝鋒槍，槍管好像很慢很慢地移動著，直到打中他的身體。他的膝蓋滑了一下，抬起頭來，表情恐怖而扭曲，帶著痛苦與憎恨，是的，強烈的憎恨。我持續開火直到子彈打中他的頭部……我發現自己把整個彈匣的子彈都打在他身上。」

同年的另一場西奈半島戰役（Sinai

配備烏茲衝鋒槍的以色列士兵，照片為以色列1958年獨立紀念日的閱兵。

campaign），以色列軍事產業公司與比利時軍火製造商簽署了烏茲衝鋒槍的生產授權，以便生產數量更多、更便宜的烏茲衝鋒槍，並在全球軍火市場取得巨大的成功。超過兩百萬正版烏茲衝鋒槍生產出來，改造或仿製的槍械更超過一千萬把。現在還有縮小版，甚至微型版烏茲衝鋒槍，受到特種部隊或保護重要人物的保全人員喜愛。各國生產的改版烏茲衝鋒槍包括義大利的Socimi Type 821、克羅埃西亞的ERO、奧地利的SteyrTMP、阿根廷的FMK Mod 2、秘魯的MGP-15、西班牙的Star Z-84，以及南非的BXP與Sanna 77。

這把槍的名聲之大，成為少數不論身在何處一提起名字便眾所皆知的武器，類似的武器（像是改良自烏茲衝鋒槍的MAC-10衝鋒槍）成為美國幫派與饒舌文化的元素之一。烏茲衝鋒槍甚至反覆出現在好萊塢電影中，贏得更多的名聲。其中最知名的或許就是1984年發行的電影《魔鬼終結者》（*The Terminator*）。

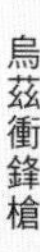

發明者

Norman Macleod

諾曼・麥克勞德

M18A1反人員定向地雷

M18A1 Claymore Anti-Personnel Mine

社會

政治

戰術

科技

種類

爆破裝置

永遠勇敢，從不休眠，
絕不失手。

——一位赤棉將軍描述地雷。

西元1956年

闊刀地雷是世上最知名、最廣為生產與使用，也是最危險的地雷之一。地雷，在任何一場軍事衝突中都不算是絕對必要、具有決定勝負意義的武器。然而，對一般平民而言，它帶來的衝擊幾乎是有史以來最廣泛而持久的武器。

來自地面下的死亡

地雷的使用可以追溯至中世紀攻城戰。當時的坑道兵（sappers，一種專責挖掘據點或攻破據點的工兵）負責挖出一條直通敵人據點或重要位置下方的地道，再掘出坑洞安置爆裂物引爆。現代地雷就是源自於此，從西元十三世紀中國填滿火藥的爆雷，到美國南北戰爭使用機械點火的爆雷，都是歷史上採用地雷的例子。但是，直到第一次世界大戰後，因為坦克的出現才讓地雷具有更重要的軍事地位。機動裝甲兵顛覆了傳統攻防兩方間的平衡，具有反坦克（anti-tank）功能的地雷則試圖讓攻防的天秤拉回水平。

二戰期間令人畏懼的德軍「跳躍」地雷，也被美軍士兵稱呼為「蹦跳貝蒂」（Bouncing Betty）。

早期的地雷很粗糙，往往只是裝了爆裂物的木箱，再配上簡單的壓力引信。到了第二次世界大戰，德國人特別留心發展地雷技術，並生產了數以億計的地雷，其中分成反坦克與反人員（anti-personnel）兩大類。後者在西元1997年的國際禁用地雷條約（the Mine Ban Treaty）中被如此描述：「該地雷設計為當人員出現、接近或碰觸時引爆，並殺傷一至多人」。德軍將它與反坦克地雷混合部署，延遲盟軍人員清除反坦克地雷的效率。其中，最為人所懼的是S型地雷（Springenmine），它是一種跳躍地雷，觸發時可以彈跳到胸口的高度，接著再次引爆裝滿尖銳破片的金屬罐，以帶來最致命的效果。它被認為是闊刀地雷的祖輩。

雖然反坦克地雷在第二次世界大戰較具重要性，大戰期間損害及摧毀的坦克總

數上看30%。但是，反人員地雷卻對戰後留下更多的影響。二戰期間，光是蘇聯就部署了兩億枚地雷，並在之後的軍事衝突中，展現了重要性。反人員地雷不只有軍事戰術用途，也在當地人民間散布恐懼，並永久地阻止他們進入農業與具經濟價值的土地。地雷也因此成為一種政治武器。

數以億萬計的地雷至今仍藏於地底，其中未被處理或根本沒有紀錄的地雷數量驚人。根據聯合國兒童基金會（UNICEF），目前估計至少仍有一億一千萬枚地雷藏在世界各處。地雷監控組織（Organization Landmine Monitor）指出，有六十六個國家與七個未獲國際承認的地區，已經確認或懷疑受到地雷的嚴重影響。雖然確認地雷受害者的數目是件困難的工作，不過自西元1975年到今天，至少已有一百萬人被地雷炸翻。反人員地雷帶來的慘重平民傷亡，讓1997年的國際地雷禁用條約誕生，共有一百五十六個國家通過。然而，主要軍事強權國家如美國、中國、印度、伊朗、巴基斯坦以及俄羅斯等卻拒絕簽署，但其中也有部分國家已經主動停止生產地雷。2012年，地雷造成的人員傷亡，已經降到了每天約十名，相對1999年已減少了60%。部分得歸功於地雷

美國海軍陸戰隊士兵在實彈操演中練習使用闊刀地雷。

禁用條約，另一方面也該感謝各國地雷清除組織與慈善單位的努力。

面向敵人

闊刀地雷至今依然在世界各地持續生產，其中包含各式各樣的版本。這種地雷原先設計為用來截斷逼近的步兵。它的外形寬而扁平，帶有可面向敵人的凹陷平面，上面印有遠近知名的提醒標語「面向敵人」（Front Toward Enemy）。塑膠外殼內則安裝了C4火藥，以及樹脂混合物包裹的七百枚鋼珠，每顆直徑3公釐。這枚地雷以電子點火裝置觸發引信，火藥隨之爆發，將鋼珠以廣闊的扇形向外發射，在弧長50公尺的正面範圍內，有致命的殺傷力。當距離拉到100公尺之外，還有10％的機會擊中人體。早期版本的闊刀地雷上方裝有窺孔，協助布雷者觀察部署位置的爆炸殺傷範圍，確定地雷對準目標區域。

闊刀地雷的開發可以追溯第二次世界大戰時期德國的研究：「米斯奈－沙爾丁效應」（Misznay-Schardin effect）。這種效應是指火藥爆炸的衝擊波能非常有效地作用於垂直炸藥包的鋼片，讓鋼片產生極大的貫穿力道。一開始，此發現主要用來設計穿甲彈，但1950年代時，爆炸物研究者諾曼・麥克勞德（Norman Macleod）發現此原理可製造一種新武器，讓美國士兵能對抗韓戰期間中國部隊與其盟友使用的人海戰術。

西元1952年，麥克勞德開發出2.3公斤的T-48型地雷，使用空心裝藥（shaped charge）炸射出小型鋼質方塊，有效殺傷距離約12公尺。麥克勞德以祖先持用的蘇格蘭特有長劍類武器，闊刀（Claymore）為這款地雷命名。1954年，美國陸軍要求更輕巧但威力更大的改良版，因此麥克勞德與艾若吉特（Aerojet）公司合作，產出1.6公斤，有效距離長達50公尺的改良版本。1956年這款地雷配屬陸軍，稱為M18地雷。改善了點火裝置而更為安全的則是M18A1版本。越戰期間，闊刀地雷實戰對抗越共與北越部隊時非常有效率，特別是面對敵人使用人海戰術。當時一個月便可以部署超過八萬枚闊刀地雷。

闊刀地雷使用地區廣大，冷戰時期連蘇俄都仿製了這種地雷。國際上的仿造品包括俄羅斯的MON-50地雷、中國的66型地雷、越南的MDH-C40地雷、芬蘭的扇型地雷（Viuhkapanos）。闊刀地雷還有較小型的MM-1小刀地雷（MM-1 Minimore），專門設計給美國特種部隊使用；以及塗成亮藍色外殼的訓練用地雷，裡面裝填著塑膠BB彈，而非致命的鋼質彈片。這種訓練用地雷在漆彈玩家間非常受歡迎，其中像是Airsoft BB型闊刀地雷在網路上就可以買到。

42

發明者
Wernher von Braun
華納・馮・布朗

洲際彈道飛彈
Intercontinental Ballistic Missile

社會
政治
戰術
科技

種類
戰略性核武火箭

西元1957年

彈道飛彈依照彈道原理規畫飛行軌道與著陸地點，以擊中目標。彈道飛彈以火箭為動力發射，當燃料用盡，火箭便停止運作甚至脫離，飛彈本體則照著拋物線軌道繼續航行。這就是華納・馮・布朗（Wernher von Braun）的復仇V武器V-2火箭計畫背後運作的原理（第154頁），也是現代洲際彈道飛彈（ICBM）主要技術的先趨。

飛彈或火箭？

技術而言，飛彈指的是任何一種穿越空中的飛行物體，從穴居人投擲的石頭到複合弓射出的箭矢等都符合此定義。然而，以現代軍事術語來看，「飛彈」一般指受導引的自我推進式武器，而火箭則是指無導引的自我推進式武器。這些看似些微的差異很容易混淆：大多數飛彈的推進方式其實屬於火箭，而洲際彈道飛彈又從無導引火箭持續進化，成為擁有超高精準度的導引系統。

V-2火箭是一種相對小型的單節火箭，最高可達高度只有約97公里，因此最大射程只有約322公里。現代的洲際彈道飛彈則有多節彈體，以及足以繞行地球的射程。以目前美國前線使用的洲際彈道飛彈義勇兵三型（Minuteman 3）為例，它的飛行速度高達23馬赫，可到達離地面1,127公里的高度，大約是國際太空站軌道高度的三倍，射程則有9,656公里。

西元1980年代後期，一名美國空軍人員於飛彈發射井內檢查義勇兵三型洲際彈道飛彈。

西元1958年於卡納維爾角（Cape Canaveral）的擎天神飛彈試射;擎天神是美國第一種洲際彈道飛彈。

飛彈能力差距

第二次世界大戰後，美國對蘇聯發展核子武器的速度感到震驚，但對自身優越的轟炸機能力仍感自豪，也因此能在對抗蘇聯核武軍備中占上風。然而到了1957年，蘇聯藉著參考擄獲的V-2火箭計畫內容，發展出火箭技術並成功發射了第一枚洲際彈道飛彈。同年稍晚，他們也用相同的火箭將史普尼克（Sputnik，蘇聯衛星系列，具有相對較高的負載能力）與太空犬萊卡（Laika）送向太空。美國發覺他們忽略了火箭科技，而蘇聯現在擁有的第一波攻擊能力可能讓自己目前的優勢黯然失色。美國政府被「飛彈能力差距」的恐慌情緒籠罩，使得由華納・馮・布朗領導的美國火箭計畫得到機會加速進行。1960年的競選過程中，約翰・甘迺迪宣告「太空的控制權將在下一個十年決定。如果蘇聯取得了太空控制權，他們就能控制地球，正如過去幾個世紀中，控制海權的國家也就支配了各片大陸」。

在懷俄明州東部的一間小型美國空軍設施裡，我坐在電子控制臺邊，準備開啟核子地獄的大門。我的前方是有著1960年代撥動開關與現代電子螢幕的怪異混合體。它就是發射洲際彈道飛彈的控制臺。

——約翰・諾南（John Noonan），美國空軍上尉，隸屬懷俄明州夏延之第321導彈中隊；〈在核彈發射井中，死神穿著袖毯〉（In Nuclear Silos, Death Wears a Snuggie, 2011），Wired.com

彈道飛彈的種類

並非所有彈道飛彈都是洲際等級。下表為彈道飛彈之種類與射程：

種類	縮寫	射程
戰場範圍（Battlefield range）	BRBM	低於200公里
戰術性（Tactical）	TAC	150至300公里
短程（Short range）	SRBM	低於1,000公里
戰區彈道飛彈（Theatre）	TBM	300至3,500公里
中間程（Medium range）	MRBM	1,000至3,500公里
中程（Intermediate range）或長程（long range）	IRBM或LRBM	3,500至5,500公里
洲際（Intercontinental）	ICBM	超過5,500公里

此時，洛克希德・馬丁（Lockheed Martin）公司發展出美國第一種洲際彈道飛彈火箭，單節擎天神D型（Atlas D），再加上當火箭段脫落後，將帶著核子彈頭重返大氣層的載具。此裝置自1959開始運作。他們也開始發展泰坦洲際彈道飛彈（Titan ICBM），一種雙節洲際彈道飛彈，於1962至1965年間服役，之後被泰坦二型取代。

鑑於擎天神與泰坦一型較為危險、不易存放，且只能在火箭發射前裝填（因此無法快速發射）低溫冷卻液態推進燃料；泰坦二型便改用非低溫、耐貯藏的推進燃料。後來的義勇兵飛彈則使用固態推進燃料，可以永久存放於飛彈體，這也表示飛彈可以隨時在幾分鐘內發射。除了燃料與射程的改良，還包括不斷進步的準確率，以及可搭載多彈頭重返大氣層的載具，即一枚飛彈可以分別針對分布寬廣的多個目標同時投下彈頭。

保證互相毀滅的世界

裝備核子彈頭的洲際彈道飛彈，其戰略效果影響相當深遠。一開始超級強權為了爭取具備優勢的第一波攻擊，不斷建置

西元1975年，一枚泰坦二型洲際彈道飛彈由加州維德堡（Vandenberg）空軍基地發射。

杰拉爾德・福特（Gerald Ford）和列昂尼德・勃列日涅夫（Leonid Brezhnev）於1975年簽署武器限制條約。

手中軍力，但很快地，各方都擁有了超越夷平對方所需的大量飛彈，甚至能列入一部分第二波報復攻擊的軍事力量。當潛艦開始配備洲際彈道飛彈，如1961年問世的北極星飛彈（Polaris missile），就證明了沒有任何手段能徹底根除對方展開第二波報復攻擊的能力。

在甘迺迪的領導下，雙方擁有彈頭的絕對破壞力，導致「保證互相毀滅」（Mutually Assured Destruction, MAD）的情勢形成，此為廣義嚇阻理論（doctrine of deterrence）的一部分。其以洲際彈道飛彈為基本工具，必須防止敵方出手攻擊，因為一旦出手將引發世界末日般的報復攻擊；另外，也同時須扼制己方發動攻擊，因為敵方擁有同樣的攻擊能力。

當各方都擁有足夠火力「保證互相毀滅」，那麼便是到達了進一步發展核子武器的天然限制。超級強權之間的對話促成了限制戰略武器會談（Strategic Arms Limitation Talks, SALT）和削減戰略武器條約（the Strategic Arms Reduction Treaty, START）。冷戰的結束更進一步縮減了洲際彈道飛彈的需求。然而，擁有洲際彈道飛彈的國家數量仍居高不下。伊朗、伊拉克、以色列與北韓等國家，都至少曾經擁有少量較短程的洲際彈道飛彈。

隨時待射

洲際彈道飛彈的一項特殊需要，是建造隱密又可防範第一波攻擊的發射井，其內部駐有具高度警覺性的組員，一直保持隨時能收到通知的狀態。嚇阻理論中假設這些組員永遠不須執行任務，但另一方面仍仰賴於他們處於萬無一失的待發狀態。伯納德・布羅迪（Bernard Brodie）在他的《飛彈時代戰略》（*Strategy in the Missile Age*, 1959）書中指出這種設置的困難：「我們希望該系統能時時刻刻做好準備，且永遠不使用」。

發射井內的日常生活是種詭異的狀態，單調乏味但充滿壓力，安靜又極度危險。早期的洲際彈道飛彈，如1964至1987年間服役的泰坦二型，事故多且容易損壞。在一次意外中，一位技術人員不慎將一支扳手落入位於阿肯色州大馬士革附近的發射井中，扳手就落在一枚泰坦飛彈上，引起了燃料外洩與爆炸，彈頭亦噴出了發射井。幸運的是，它並未引爆。

軍事科學

彈道學——研究拋射物體路徑的學問也是運動科學的延伸，是武器與科學間重要的交集。從軍事觀點來看，自早期加農砲到彈道武器的典範洲際彈道飛彈，最關鍵的要素在於更精確、發展更有效率的武器導引技術。而從科學研究的視角而言甚至更為重要，因為探究彈道學問的開端可以從數學家尼科洛．塔爾塔利亞（Niccolo Tartaglia）對火砲的興趣開始，伽利略開啟了自由落體的劃時代研究，一直到牛頓的重力理論，以及科學革命的到來。

最重要的潛射式北極星飛彈，正在卡納維爾角的發射臺接受武器測試。

43

發明者

Eugene Stoner

猶金・史東納

M16 步槍
M16 Rifle

種類

突擊步槍

社會

政治

戰術

科技

西元1959年

M16與它的後期改良設計是幾乎所有美軍單位的標準配備，也是美軍歷史上服役時間最久的通用標準步槍。一般來說，它被認為是世上最優秀的步槍之一，工藝技術甚至優於AK-47。但是這件武器在過去數百年的步槍發展歷史中，也以問題層出不窮而知名，即使在今日，發明的五十多年後，依然是許多爭論的中心。

黑色步槍

M16的開發源自美國軍方在韓戰後急切的要求。美軍設立的作戰研究中心（Operation Research Office）在進行韓戰戰後分析之後，總結出士兵最有效的射擊多半發生在短距離，且往往並非出於仔細瞄準。因此，想要改進一般士兵的射擊命中率，最好的辦法就是以小口徑武器進行快速連發射擊，取代本來的單一大口徑步槍射擊。美軍很快地依照此結論採取行動，重新改寫原本步槍的設計規範，甚至撤掉剛配署的新型M14步槍（M1格蘭德步槍的後繼改良版本）。

阿瑪萊特武器製造公司（Armalite）的工程師猶金・史東納開發出解決方案。他的AR-15步槍使用相對口徑較小的 .22英吋子彈（5.56公釐口徑、彈體長度45公釐），並更換使用新的火藥配方，以達到相當高的槍口初速。當M14發射傳統的7.62公釐口徑子彈時，槍口初速是每秒853公尺，但是新的 .22口徑子彈卻可以達到秒速1,000公尺。由於動能受速度影響的程度遠高於質量，因此即使子彈重量稍有減少，但速度更高便可得到更強的穿透力。較輕巧的子彈也意味士兵可以攜帶更多的彈藥，彈匣裡也可裝進更多子彈。為了發射這種新子彈，史東納設計了一種輕便且充滿未來感的步槍，上面使用了許多塑膠配件，因此也有「黑色步槍」的稱號。

這把新步槍有許多優點，包括易於開火、可以準確射擊，這得感謝小型子彈減輕了後座力，不同體型的人都能輕易操作。槍支本身的設計加上低後座力子彈的優勢，讓它就算在全自動射擊下，也能維持槍支穩定性。更重要的是，它在攜帶外加一百二十顆子彈的情況下，總重也不過5公斤，它的競爭對手M14步槍卻重達8.5公斤。西元1962年，原型步槍AR-15送至越戰戰場，由美國南越部隊（South Vietnamese force）進行戰場測試，得到了許多正面結果，美軍確信可用AR-15取代M14步槍，並正式更名為M16步槍。1967年，M16步槍成為美軍的標準配備。

退彈失敗

不幸的是，軍方發配M16步槍後，卻造成了慘烈的結果。由於刪砍成本，這把槍的子彈火藥改用便宜、更多雜質而容易產生殘渣的劣質版本取代；部分較為安全但昂貴的重要零件也不採用。取而代之的是，1959年柯特（Colt）取得設計權，並大力推銷的「自動清潔」槍件組，號稱不須太多維修保養，可以完全拋開清潔工具組。當「自動清潔」槍件組安裝到新步槍後，原本的清槍訓練也隨之取消。然而，這也是M16步槍的嚴重缺陷。極高比例的M16會發生卡彈現象，特別糟糕的是「退彈失敗」（failure to extract）。當退彈失敗時，被擊發的子彈會卡在槍膛無法彈出，而最好的處理方式就是用一支通條從槍口伸入槍管。就像《紐約時報》（*The New York Times*）說的，「這把現代美國突擊步槍，更像是把單發火繩槍（需要通條的前膛）」。根據美國陸軍的記錄，1967年間1,585名士兵中，約有80%經歷過無法持續射擊的故障。

M16步槍另一項嚴重且持續發生的問題是缺乏制止力（stopping power）。小口徑子彈射擊時得到太多動能，雖然足以射穿敵人的防彈衣，但在越南、伊拉克與阿富汗等地區的士兵大多輕裝，子彈往往會筆直地如同雷射般，直接穿透敵人，無法有效制止敵人繼續行動。

M16步槍種種操作的問題，終於產生巨大的反彈聲浪，讓美國國會責成軍方盡速找到解決方案。於是，高品質且乾淨的火藥，以及關鍵鍍鉻零件都回來了，部隊也開始重新訓練如何清整步槍。到了越戰末期，M16A1開始轉變成可靠成熟的武器。到了1983年，改良版的M16A2出現並取而代之，它擁有更沉重的槍管，更便於瞄準，並加裝槍口閃光抑制器（flash-suppressor，譯注：或稱消光器、滅焰器，減低射擊產生的火光，避免曝露位置）與榴彈發射器。

其後，M16A2又被M16A4取代，新的步槍配置了滑軌，可以輕易加裝或拆卸附屬裝備，如夜視鏡等。卡賓版本（carbine）的M16A4也被稱為M4，在美國軍方非常普及，運用相當廣泛。到現在為止，各式M16步槍已經在全球超過四十個國家服役。自西元1959年以來，更有超過一千萬支的各種版本M16步槍產出。這段時間中，已有八家不同的生產商取得生產許可。然而，這支步槍還是擺脫不了爭議。

惡名昭彰

M16步槍遠近知名的卡彈與缺乏制止力的狀況依然不時出現。一位匿名「永遠忠誠」（Semper Fi）的海軍陸戰隊士兵，在2005年於伊拉克的某次執勤任務後，寫下了負評：

「慢性卡彈與粉塵侵入（如細砂）等問題一直存在，而這裡到處都是沙子……M4卡賓槍在這裡更為普遍，因為它較輕便短小，然而卡彈問題依然存在。士兵們喜歡

1990年代，美國海軍陸戰隊正訓練士兵使用M16步槍。海軍陸戰隊也是美軍首先使用M16A2步槍的單位，這個改良版本取代了問題百出的A1型步槍。

這些在滑軌安裝光學瞄具與武器燈具等功能，但這把槍本身並不適合沙漠環境。士兵們也都討厭5.56公釐口徑的子彈，它既不能打穿這裡常見的煤渣磚，射擊敵人軀幹時，又沒辦法可靠地把敵人擊倒。」

這個評價是大眾對M16步槍一直以來的典型印象，但軍方的完整調查結果對M16壞名聲的真實性抱持質疑。美國海軍分析中心（Center for Naval Analysis）2006年的報告指出，75％的士兵整體來說對M16感到滿意，M4更高達89％。即使M4在軍方測試中，經歷八百萬發的射擊試驗後，平均卡彈率為每三千六百發才會出現一次（相當於一百二十個彈匣，一般士兵在整場戰鬥任務都不會打到這麼多），分析中心的這項報告還是發現有19％的士兵曾在臨敵作戰時，遇到槍支卡彈的問題。

根據美軍器材司令部（The Army Materiel Command）負責監督 M4步槍開發的道格拉斯・塔米洛（Douglas Tamilio）上校表示:「M4步槍足以與世上任何突擊步槍比肩……數據顯示我們沒有任何系統設計的問題。我們聽到的可靠性問題，通常來自非軍方人士」。M16系列步槍的明顯優點，是它們在改良設計保留高度彈性，讓它不僅耐用，更可以不斷升級與改良。自1990年代M4問世以來，它已經歷了六十二處設計改良。

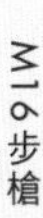

發明者

Soviet Army

蘇聯陸軍

RPG-7 火箭推進榴彈發射器

RPG-7 Rocket-Propelled Grenade Launcher

社會

政治

戰術

科技

種類

反裝甲武器

西元 1961 年

RPG-7型，是有史以來最成功的火箭推進榴彈發射器。自面世以來的五十多年間，它在超過五十個國家持續活躍，同時深受恐怖份子與各種反抗軍熱愛。這種相對簡單、操作容易的武器，在不對稱戰爭中扮演了關鍵角色，深刻地影響了許多地區地緣政治的演變。不過大多數人都犯了個相同的錯誤，RPG的縮寫一開始並不是代表「火箭推進榴彈」(Rocket Propelled Grenade)，而是俄文的「手持反坦克榴彈發射器」(Ruchnoi Protivotankovy Grantamyot)。

反坦克作戰

第一次世界大戰出現的坦克協助打破了壕溝戰的僵局，也幾乎永遠顛覆了裝甲兵與步兵間的平衡。戰場上高效率的機動裝甲兵需要新的制衡手段，第一次世界大戰後期，面對坦克張皇失措的德軍勉強使用重型栓式槍機步槍（heavy bolt-action rifle）做為對抗。到了第二次世界大戰，德軍發明了更加聰明有效的反坦克武器。其中一種就是產生強大動能以擊穿裝甲，比如發射某種夠快且夠重的物體打破裝甲。因此需要重型武器設備完成；另一種方式，是設計在打中裝甲時能瞬間引爆的炸藥彈頭，裝在中空彈頭中的炸藥在衝擊碰撞時，可將引爆的能量集中並融化金屬彈頭形成尖細的金屬噴流刺穿裝甲。這種方式至今仍然應用在高爆反坦克彈頭（High explosive anti-tank, HEAT）。

空心裝藥的高爆反坦克彈頭砲彈可製成相對輕量的榴彈，得以發展出人力可攜帶的榴彈發射裝置。火箭是較受歡迎的推進方式，因為它們靠自力推進，不會對發射筒產生後座力。美國成功依此原理發明了火箭筒（bazooka），英國則發展出步兵用反坦克炮（Projector, Infantry, Anti-Tank, PIAT），而德國當年領先群雄開發出鐵拳火箭筒（Panzerfaust）。德國的鐵拳系統相對便宜、簡單且容易製造與操作，廣泛配給

西元1944年，義大利亞齊爾（Anzio）地區一名英軍軍官正在檢視捕獲的德國鐵拳反坦克武器。

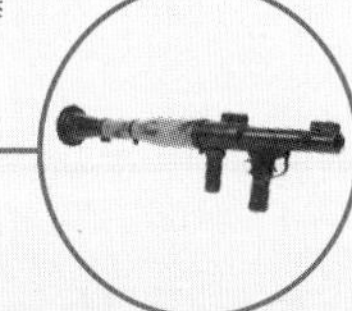

西元2013年，阿富汗政府軍正接受使用RPG-7的訓練。RPG-7在阿富汗戰爭中廣為人知，連政府軍都將它列為官方標準配備。

所有德軍部隊，步兵們因此有了足夠的火力對抗坦克。一開始，俄軍尋無因應鐵拳的辦法，最後只好直接仿製德國的設計，製造出一系列RPG火箭發射器，1961年，RPG-7火箭推進榴彈發射器因此誕生。

火箭行程

火箭推進榴彈發射器其實就是一根筒子，固定火箭榴彈，並讓它在某種程度上對準目標的方向發射。這根筒子還需要一個板機擊發點燃火箭，以及足夠的後方空間讓噴發的炙熱氣體安全排放。它也可以安裝瞄準鏡，甚至更先進的光學瞄準設備，如夜視鏡。RPG-7巧妙地解決了火箭推進榴彈發射器設計者長久以來的最大問題：火箭發射時排放的熱氣。這類武器設計的主要目的是便於攜帶，所以發射筒盡可能地短小，但長度必須足以讓火箭燃料在彈體離開筒前完全燃燒，以免多餘的炙熱排氣燒傷發射者的臉。

RPG-7的設計中，火箭榴彈彈體裝上了一個小型助推器，讓彈體以大約每秒117公尺的速度拋射出發射筒。這個速度會產生所謂的壓電效應（piezoelectric），並產生

RPG或許是我們最害怕的步兵武器。簡單、可靠，還像狗屎一樣滿地都是。

——化名為「永遠忠誠」的海軍陸戰隊士兵，2005年在伊拉克的情況

火花點燃彈體的主燃料槽，再讓彈體以每秒294公尺的速度衝向目標。主燃料槽在火箭本體飛離發射筒11公尺遠之前不會點燃，保護射手免受尾燄傷害。即使如此，發射者仍須小心發射筒後方，助推器產生的排燄（主要因為後方安全空間不足造成排燄反射）。火箭的射程依型號有所不同，約為150公尺。即使加裝了瞄準器，整支發射器也不過6.3公斤，並可重覆使用。對於經濟拮据的非正規武力來說是十分誘人的優點。

穿甲能力

西元1961年的RPG-7b主要使用PG-7V HEAT榴彈，其可擊穿254公釐厚的裝甲。裝甲車輛因此隨之增加裝甲厚度，這種來回增強武裝的競爭一直持續到今日。現代的RPG火箭筒多半採用PG-7M型彈頭，可以擊破300公釐厚的裝甲，而1988年開發出的PG-7VR彈頭，則具有兩段式爆炸特性，用來對付爆破反應裝甲（Explosive Reactive Armour, ERA）：第一段火藥用來引爆反應裝甲，第二段則能穿透610公釐厚的裝甲。另外，還有設計用來反人員與反碉堡（anti-bunker）的榴彈。

RPG-7是種便宜、耐用、操作簡單且容易取得的武器。許多恐怖份子與叛軍必須面對不對稱的戰爭狀況，並與技術資源遠為強大的對手作戰。例如，伊拉克戰爭的叛軍面對的是高度訓練的重裝美軍士兵，對手還擁有炮兵與空中武力支援，配備大量裝甲車輛。AK-47、非正規爆炸裝置（IED，第166與204頁）與RPG等湊在一起，正是劣勢中的解決方案。RPG可以讓單人有機會擊毀裝甲目標，或者還能擊落低飛的密接支援直升機（close-air support helicopter）。RPG隨處可得的普及性，讓劣勢方在不對稱作戰中使用更具彈性的戰略，這讓RPG在現代軍事衝突更突顯了它的特色。以伊拉克為例，RPG造成的美軍傷亡，僅次於非正規爆炸裝置，近期自伊拉克前線傳來的報告，生動地描繪了當地叛軍使用RPG的戰術特性，以「打帶跑」（Shoot and scoot）的方式作戰。一位匿名「永遠忠誠」（Semper Fi）的陸戰隊士兵在寫給父親的電子郵件中提到當地戰況：「RPG或許是我們最害怕的步兵武器。簡單、可靠，還像狗屎一樣滿地都是。敵人對付我們裝甲悍馬車的方法就是瞄準車窗發射火箭，他們常常在可以準確命中的近距離，殺害了很多弟兄」。

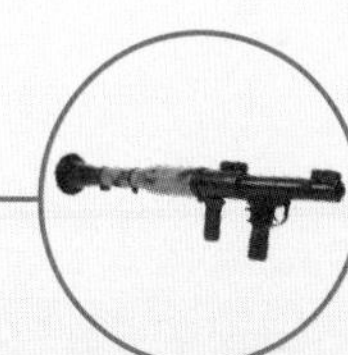

發明者

General Dynamics Land Systems, US

美國通用動力公司陸地系統

M1艾布蘭坦克
M1 Abrams Tank

社會
政治
戰術
科技

種類
主戰坦克

M1艾布蘭是地表最卓越的戰車，性能最優異的坦克。

——美國退休陸軍少將保羅D伊頓（Paul D. Eaton），美國國家安全網絡（National Security Network）

西元1980年

M1艾布蘭坦克是美國、埃及和沙烏地阿拉伯等國家的主戰坦克。它的殺傷力驚人，行駛發出的噪音卻低於其他戰車，因此又有「野獸」、「靜默死神」及「德古拉」等名號。艾布蘭坦克已升級過了數個型號，從最初的M1問世後，又陸續透過系統提升套件（System Enhancement Package, SEP）推出M1A1及M1A2，現在最新的型號則是M1A2SEPv2。在整個系列中，M1和M1A1型號的數量超過八千八百臺，M1A2s也有數百臺，另外還有數百臺舊型車輛已升級為最新規格。

牛飲汽油的野獸

世人普遍認為艾布蘭是世上最強悍的坦克，以它在戰場扮演的角色來看，艾布蘭坦克確實也證明自己是所向披靡的殺手。然而，它還是逐漸引起了經濟、政治和社會方面的爭議。同時，昂貴的M1坦克，也飽受未來戰場定位與長期效益等質疑。整體而言，M1艾布蘭坦克的困境主要在於坦克的未來命運，以及未來戰爭本質的走向。

艾布蘭坦克不論是從設計或功能來看都相當優異，它的威力強大、動作迅速、操控性佳；裝甲厚實，能提供充分的保護；配備眾多高性能武器，並搭載最先進的射擊指揮系統。艾布蘭坦克的核心動力採用燃氣渦輪（gas turbine）引擎，比起往復（reciprocating）引擎有較高的功率重量比。M1A1型裝載Honeywell AGT 1500燃氣渦輪引擎，並搭配Allison X-1100-3B變速器，提供四個前進機構和兩個後退機構；到了M1A2型則裝載升級版的LV100-5燃氣渦輪引擎。根據美國通用動力公司陸地系統（General Dynamics Land Systems）的資料顯示，升級版的燃氣渦輪引擎除了能大幅減少噪音，也不會產生可見廢氣（有助於降低遭到偵測的風險），同時更具備傑出的加速性能，從時速0加速到32公里只需7.2秒，即便以時速48公里橫跨野外環境，也能安全穩當地行駛。不過這種引擎卻有高油耗的致命傷，就算配備先進的數位燃料控制系統，每加侖油耗表現仍然不到1英里。為了達到像樣的行程距離，艾布蘭必須裝上好幾個體積龐大的燃油箱，油箱滿油重量高達1,855公升，可行駛426公里。

M1A1坦克採用先進的陶瓷裝甲，M1A2坦克更加裝了摻雜貧鈾（非放射性）金屬的複合裝甲，密度是鋼裝甲的二點五倍以上，同時讓坦克的重量增加到65公噸。艾布蘭也裝有爆破反應裝甲，可以反擊高爆反坦克砲彈（第191頁）的穿甲能力，另外還具有發射煙幕彈的功能。

艾布蘭坦克裝備的武器是威力驚人的

艾布蘭坦克正發射120公釐主砲。

萊茵金屬（Rheinmetall）M256 120公釐滑膛砲，可在4公里遠的距離夷平一棟建築物。滑膛砲犧牲了精準度，卻提高砲口速度，有助於提升發射穿甲砲彈的威力，特別是脫殼穿甲（sabot）砲彈，即在高密度、高重量、針狀的貧鈾穿甲彈裝上軟殼，當砲彈發射並脫去外殼後，穿甲彈可以達到極高的速度，將發射的動能全部集中在彈體上。

艾布蘭坦克裝配的主砲可穿透當代任何坦克的裝甲，命中率與殺傷率更優於任何主戰坦克。艾布蘭具有如此高度的威脅，必須歸功於有效捕捉並擊中目標的先進射擊控制系統。這種熱成像（thermal imaging）及戰場通訊整合系統（可蒐集衛星影像、其他坦克、情資報告以及雷達等不同來源的資訊）有助於發現遠距離外的目標，加上艾布蘭具有超越大部分的坦克克服地形的優異性能，因此即便在移動中，也能準確命中目標。

火的試煉

M1艾布蘭坦克在1978年開始發展，並於1980年服役，但之後長達十年以上的時間沒有任何活動。1991年，兩千臺M1A1投身波灣戰爭戰場，但當時的社會普遍質疑這些未經測試的坦克如何禁得起嚴峻的沙漠戰，以及伊拉克裝甲部隊的威脅，更何況伊拉克裝甲部隊還擁有最精良的蘇聯坦克。不過，最後M1A1以優異的戰績通過考驗：損耗過度需要退役的坦克只有十八臺，且根據部分報導指出，其中沒有任何一臺艾布蘭坦克是遭敵軍坦克的砲火所傷。七臺遭到全毀的艾布蘭坦克，都是被己方火力誤傷。由此可見，只有艾布蘭坦克才是艾布蘭坦克的敵手。此外，這場戰事沒有折損任何一名艾布蘭坦克車組人員，而仍保持完整戰備狀態的艾布蘭坦克更高達90%。

雖然艾布蘭坦克因為2003年的第二次伊拉克戰爭重新投入戰場，且再次從實務證明其完全無懼於傳統反坦克武器，但隨後發生的反叛活動與衝突，卻使眾人再度質疑此車系的長期作戰能力，甚至對坦克戰術的必要性產生疑問。主戰坦克最重要的任務是擊潰其他坦克，而一般來說，坦克發揮最大效用的時刻，是與裝甲和武器裝備齊全的傳統正規軍隊發生衝突時。但問題是連美國軍方都看不出這種戰爭會有再次復甦的跡象。「我們相信，未來將不會再出現直接的常規戰爭」，美國陸軍參謀長雷・歐迪耶諾（Ray Odierno）2012年初在國會聽證會如此說道。包括艾布蘭坦克在內的西方勢力即將面對的是非正規的游擊戰及不對稱作戰。這種型態的戰爭中，敵人幾乎沒有裝甲部隊，也沒有坦克戰，開放性的戰場極為少見，軍隊的攻擊火力也改用非正規爆炸裝置（IED）及火箭推進榴彈發射器（RPG）。例如，非正規爆炸裝置可從坦克裝甲最弱的底部予以痛擊，艾布蘭在伊拉克及阿富汗就因此而吃了大虧。許多艾布蘭坦克在伊拉克的遭遇與二戰後期的德軍虎式坦克相當類似：兩者都宛如直接埋入地下的天價碉堡。

國內戰線

如此一來，艾布蘭坦克幾乎失去了作戰價值，而圍繞著艾布蘭而起的爭議也越演越烈。為了大幅降低軍費，美國五角大廈決定無須繼續升級艾布蘭坦克至最新的M1A2SEPv2規格，並宣布預計自2013年底起，將升級計畫暫緩約四年。儘管此決定合情合理，在筆者寫下這段文字時，還有將近兩千四百輛艾布蘭部署在世界各地，其中三分之二已完成升級（且車齡平均不超過三年），另外三千輛較舊的車型則停駐在加州一處軍事基地。

艾布蘭坦克的例子，證明武器除了在戰場發揮作用外，也能對社會、經濟及政治面向產生影響。2011年，通用動力公司陸地系統估計全美參與艾布蘭計畫的協力廠商超過五百六十家，投入人力高達一萬八千人。該公司砸下數百萬政治獻金並展開瘋狂的遊說行動，之後也成功說服美國議員擋掉五角大廈的經費削減提議。因此，在筆者撰稿的同時，艾布蘭坦克升級計畫仍會繼續執行。

46

發明者

Raytheon Company

雷神公司

BGM-109戰斧巡弋飛彈

BGM-109 Tomahawk Cruise Missile

種類

長程飛彈

社會

政治

戰術

科技

西元1983年晚期

巡弋飛彈是一種自我導引、自力推進的飛彈，可以自遠距離（超過1,609公里）精確地擊中目標。它循著水平彈道航行，以渦輪扇（turbofan）引擎及粗短的彈翼產生攀升力。巡弋飛彈的飛行高度低，再加上橫截面很小，所以雷達上幾乎不現蹤跡，極難被偵測防備。因此，巡弋飛彈已公認為民主國家有效軍事手段之一，特別是在面臨是否採用軍事力量保衛國土的決策時，因大眾厭惡戰爭可能導致的人員犧牲。

復仇和潛鳥

傳統上，軍事行動策畫者為了保護友軍不受傷亡風險，必須盡可能在遠距離外發動準確性不高的攻擊，但因準確性低將造成高度附加傷亡（特別是平民傷亡）；或是選擇在近距離發射高準確率的攻擊，但相反地會讓軍事人員承受較高傷亡風險。而巡弋飛彈正是可以脫離此困境的新武器：政治與公眾輿論都能接受的無人兵器，帶著足夠的準確度能使平民傷亡減到最低。

第一款巡弋飛彈是德國發明的V-1飛行炸彈（第154頁），現代巡弋飛彈的基本設計與概念極為雷同。第二次世界大戰剛結束後，美國海軍使用從德國取得的V-1飛行炸彈技術建造了美國第一枚巡弋飛彈潛鳥（Loon），接著在1953年發展出獅子座一型（Regulus I）。

1950年代中期，獅子座一型部署於潛艇艦隊，但1958年因為北極星彈道飛彈計畫而中止發展。1970年代，隨著科技發展巡弋飛彈的概念又再次復活。雷神公司（Raytheon Company）開發出BGM-109戰斧巡弋飛彈（BGM-109 Tomahawk Cruise Missile），並在1983年開始服役於美國海軍。雖然還有其他類型的巡弋飛彈，但戰斧是至今最成功的。

戰斧長6.25公尺，寬0.52公尺，總重量為1,450公斤。發射時，它們藉著重達250公斤的固態火箭推進器，疾風般地射離發射載具（最早是潛艦，但是現在主要是水面艦艇）。一旦燃料用盡推進器脫落，則由渦輪扇引擎接手。渦輪扇引擎重量只有65公斤，但可產生272公斤的推力，並進一步達到時速885公里的飛行速度，射程超過1,609公里。

戰斧巡弋飛彈精確度的關鍵在於導航系統。早期機型使用慣性導航（inertial guidance）與地形輪廓匹配導航（terrain contour matching）兩種系統組合運作；前者會讓飛彈透過測量加速度的變化，計算並規畫航程（一種航行推算法），而後者則以飛彈飛越區域的即時地形資料，與預

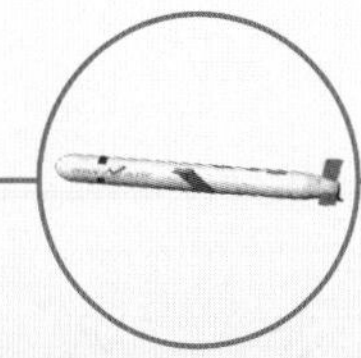

這棟建築物昨晚被巡弋飛彈射中。上面有兩個大洞……它顯然遭到完全摧毀，另一棟幾層樓高的建築也全毀。後面的那棟房子正在悶燒。這些玩意兒擊中東西的時候實在很驚人。它們真的造成確實的破壞。

——伊恩・麥菲得倫（Ian McPhedran），新聞集團（News Corp）記者，美國廣播公司（ABC）來自巴格達的報導，西元2003年3月7點30分

載的資料比對並校正路線。最近的機型則運用全球衛星定位系統（GPS）與數位區域景象關聯器（digital scene matching area correlator, DSMAC），將機上攝影機的即時畫面，比較儲存的目標影像。

這種複合系統使戰斧巡弋飛彈在導航與準確性展現驚人的成就。戰斧它能搭載的兩種彈頭為454公斤傳統彈頭或子母彈（submunitions dispenser，可以散射出24包，其中最多可有166枚穿甲彈、破片或小型燃燒彈）。先前部分巡弋飛彈還可以配備W80核子彈頭，但是現今已不再進行這類計畫。

沙漠攻擊

自1990年代起，巡弋飛彈便是美國軍火庫最重要的武器之一（英國也已經購入戰斧巡弋飛彈）。1991年，巡弋飛彈於波斯灣戰爭的沙漠風暴行動中第一次部署，並獲得巨大戰果。它在初期空襲中扮演了關鍵角色，削弱了伊拉克軍事運作與防衛能力，當時它也是晝間唯一使用的武器。超過280枚戰斧飛彈從潛艦與海面艦艇發射，在巴格達的飛彈攻擊中達到極高的準確度，並對一般平民士氣造成強烈打擊。英國國家廣播公司製作人安東尼・梅西（Anthony Massey）在1991年離開巴格達不久後，告訴洛杉磯時報：「因為巡弋飛彈的精準打擊，這座城市顯得完好無缺……但它已被人民完全遺棄。巡弋飛彈的攻擊是擊垮居民的最後一根稻草……人們盡可能地以最快的速度離開城市」。

戰斧巡弋飛彈在沙漠風暴行動充分展現作戰能力，卻也發生比預期更高的操作失敗率。其後改良的第三型與第四型已大幅提高了準確度。第四型第一次上陣在1995年9月對波士尼亞（Bosnia）的慎重武力行動（Deliberate Force），之後便是1996年9月的伊拉克沙漠行動（Iraq operation, Desert Strike）。兩次行動中，戰斧的成功率都在90%以上，並將戰斧巡弋飛彈的服役歷史平均成功率拉到85%以上。

2011年，第四型戰斧巡弋飛彈針對利比亞格達費（Gadhafi）上校的部隊進行部

署，並發射了超過230枚飛彈。其中光是一艘潛艇便發射了超過90枚。據海軍少將威廉・夏農三世（William Shannon III）表示，巡弋飛彈確保了北約空襲計畫的成功，「因為戰斧率先抵達，並除去多數的空防系統與在機場待命的飛機」。

戰斧四型可在飛行中重新導向，也可以向操作者傳送即時影像，因此更具戰略彈性，也更易於瞄準目標。它甚至可以依命令在空中盤旋，直到決定目標為止。美國海軍正致力將戰斧四型與無人飛行載具搭配使用（技術上，巡弋飛彈就是一種無人空中載具，只不過是單程），組成遙控獵殺團隊。這樣的高科技火力並不便宜，根據美國政府預算文件，每一枚戰斧的造價約美金140萬元。2013年，第3000枚戰斧四型交付美國海軍，而北約的利比亞行動則發射了第兩千枚戰斧巡弋飛彈。巡弋飛彈也許是相對「乾淨」的戰爭工具，而它們省下的血液是用金錢換來的。

沙漠風暴行動中一枚戰斧巡弋飛彈從美國海軍密西西比號（Mississippi）朝伊拉克境內目標發射。

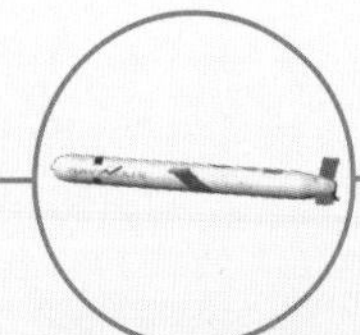

47

發明者
USAF
美國空軍

智能炸彈
Smart Bomb

種類
精確導引武器

社會
政治
戰術
科技

西元二十世紀晚期

「智能炸彈」是雷射導引炸彈的通俗名稱，為最重要的精確導引武器（precision-guided munition, PGM）之一。精確導引武器，特別是智能炸彈，對空中戰爭產生革命性的變化，全面地影響軍事作戰，包括經濟、政治、戰略、作戰計畫與戰術運用等各面相。

脫靶

在過去，空襲命中率可說慘不忍睹，無可避免帶來的附帶損害竟然演變成空襲的主要目的之一。以1944年末來說，美國第八空軍拋下的炸彈中，只有7%落至距離目標300公尺的範圍內。例如，為了確保轟炸行動中能有兩枚炸彈，落至122乘以152公尺見方的德國電廠，並讓命中率達到96%，依統計計算必須出動108架B-17轟炸機，共1,080位空軍人員，投下648枚炸彈才能達成。

武器的精準度是以圓概率誤差（circular error probable, CEP）量化，將目標設為圓心，估算當50%的武器能成功落地的情況下，落點範圍的圓半徑為何。第二次世界大戰期間，為了讓中等高度投下的907公斤重啞彈（無導引飛彈）命中一塊18乘以30公尺面積的命中機率達到90%，必須投下超過9,070枚炸彈（由3,024架飛機載運），而圓概率誤差約為1公里。換句話說，2公里的範圍內都會被夷平，且在三千名機員冒著生命危險之下也無法保證能命中。到了越戰，仍需要176啞彈才能達到同樣的準確率，其圓概率誤差則為122公尺。即使由更精確的轟炸機投擲，啞彈仍是無法達到高水準的命中率。

太遙遠的橋

如此恣意浪費、機員、飛機與武器，招來急切的改良需求，並打算希望盡快引入精確導引炸彈。西元1943年5月12日，一架皇家空軍解放者戰機（RAF Liberator）投下一枚音響導向魚雷（acoustic homing torpedo），成功將一艘U型潛艇（U-boat）目標驅趕至海面並摧毀；這大概是第一次成功的精確導引炸彈攻擊。

四個月後，德軍道尼爾（Dornier）轟炸機投下一枚無線電導引的滑翔炸彈，擊沉了一艘義大利戰艦。戰爭結束前，各種導引技術系統都測試過，包括無線電、雷達，甚至是電視，而神風（Kamikaze）戰術藉駕駛員導引撞擊，證明可以造成慘不忍

睹的損傷：大約34艘美國海軍艦艇遭神風自殺攻擊擊沉，另有368艘受到損壞；神風攻擊擊沉了約8.5%的船隻。

啞彈最難以命中的目標之一就是橋樑，第二次世界大戰後，精確導引武器亦證實其在轟炸橋樑的價值。韓戰中，拉松（Razon）與塔松（Tarzon）導引炸彈成功地摧毀至少19座北韓橋樑。但美國空軍對核子武器發展的重視，使得精確導引炸彈不受聞問。然而，發覺非核戰爭仍需要新的作戰方法，已經是1960年代之後的事了。

1960年代中期，美國空軍發展出雷射導引炸彈。即使在早期發展的型號中，圓概率誤差也已能縮小至驚人的6公尺。雷射導引智能炸彈的第一次野戰測試是在1968年，但一直等到1972年才確實展現它的潛力。北越的重要戰略目標：清化橋，就曾面臨考驗；而清化橋一直被認為對啞彈空襲幾乎免疫，多次的攻擊只有造成飛機與機組員的損失。西元1972年5月13日，四架裝載雷射導引炸彈的F-4幽靈戰機相對輕易地炸毀了此橋，這次行動常被引用為精確導引炸彈時代的開端。接下來的數個月，智能炸彈還用在後衛行動（operation linebacker）中，並帶來破壞性的影響，轟炸行動造成北越原本將要發動的機械化攻勢（mechanised invasion）受到重大傷害，也是迫使北越領導人走向談判桌的關鍵。

精確打擊

第一次波灣戰爭的沙漠風暴行動期間，宛如見證智能炸彈的時代來臨。雖然美軍消耗的空中攻擊火力中，僅有4.3%是雷射導引炸彈，但對戰略的目標造成高達75%的嚴重損壞。例如，一次四週的轟炸行動裡，精確導引炸彈摧毀了伊拉克戰略關鍵橋樑54座中的41座，以及另外31座替代它們的浮橋。

針對部隊指揮與控制結構，特別是對伊拉克的裝甲與車輛，也有相似的致命準確度。一位戰後受訪的伊拉克將軍回顧道：「在伊朗戰爭，我的坦克就是我的朋友，因為我可以睡在裡面並知道我會安然無恙……但這次戰爭中我的坦克變成了我的敵人……夜晚裡，沒有任何友軍願意接近坦克，因為它們一個接一個地被炸毀」。

精確導引武器在北約空軍針對塞爾維亞的「慎重武力行動」（Operation

沙漠風暴再次證明雷射導引炸彈擁有單一炸彈即能摧毀目標的能力，在空戰中就算不具革命性，也是前所未見的發展。

——波灣戰爭空中戰力調查（Gulf War Air Power Survey），西元1993年

Deliberate Force)中表現甚至更好。行動目標的達成，必須感謝精確導引炸彈，其占了北約軍隊武器使用的69％。前美國助理國務卿李察・郝爾布魯克（Richard Holbrooke）後來提到：「人們應該從中學到的關鍵是有時候就算沒有地面部隊的支援，空中戰力也能有所作為」。

精確導引炸彈還能透過減少雙方在衝突中因附帶損傷造成的非軍事人員傷亡，並減少友軍出擊架次，還能從較遠的地方發射武器節省出勤經費。例如，巡弋飛彈的造價比智能炸彈貴上十六至六十倍。當時波灣戰爭中F-117A投擲智能炸彈的成本大約是美金1億4,600百萬元，若以戰斧巡弋飛彈（第196頁）攜帶同噸位的炸藥，則會花費美金48億元。

美國國防高等研究計畫署的夢想

整體而言，智能炸彈與精確導引武器是美國國防高等研究計畫署（DARPA）的優先研究之一。該單位正致力一系列高科技產品開發，它們具有異國情調或晦澀的代號與縮寫，如EXACTO、DuDE、PINS和PGK。這些計畫的目標在於先進導引與感測科技的微型化（例如以加速中的細微變化計算航道，或辨別非常微弱的雷射反射），以期應用到大型炸彈或砲彈等的各式武器，甚至也許擴及個別士兵所射擊的子彈。

美國國防高等研究計畫署的空軍中校傑伊・洛威爾（Jay Lowell）指出，「導航系統的主要趨勢就是高端科技的普及化，將其帶到更廣泛的應用。在此情況下，推廣許多過去被限制使用的高科技系統至大量的小型武器……讓精確的導航技術能更好、更廣泛的使用。這種想法就是現在主流趨勢真正的基礎」。

高科技多功能聯合攻擊戰鬥機（Joint Strike Fighter）的測試機，正投下一枚雷射導引的「智能炸彈」。

48

發明者
Insurgents
暴民

非正規爆炸裝置
IED

社會
政治
戰術
科技

種類
反人員車輛炸彈

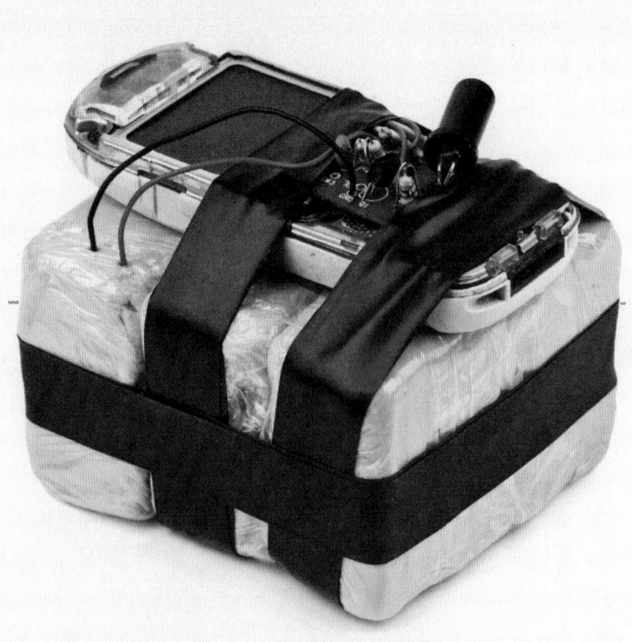

二十一世紀

非正規爆炸裝置（Improvised Explosive Device, IED）可以是炸彈、地雷、手榴彈或詭雷。雖然非正規爆炸裝置的歷史與所有會爆炸的爆裂物一樣久遠，但是直至二十一世紀才受到注目，而且也或許是現今最受關切的戰爭工具，特別是當戰爭本身已演變成極端不對稱與低對抗強度的情況。

罐頭與汽水罐

中世紀時代的中國火藥武器就包括了簡易的爆炸裝置，如裝填火藥與霰彈破片的竹節。非正規爆炸裝置反制裝甲與步兵的應用價值，很快便被第一次世界大戰士兵發現且喜愛，當時他們以手榴彈，甚至是裝填爆裂物的蛋糕錫模，臨時製作反坦克與反人員地雷（第175頁）。美軍早期所經歷非正規戰爭之一的越戰裡，越共遊擊隊發現美國軍人喜歡踢路邊的空罐頭或汽水罐，因而在汽水罐裝置非正規爆炸裝置。恐怖份子利用這些小東西的歷史，則可追溯至愛爾蘭共和軍與其他組織。以1996年為例，艾瑞克・魯道夫（Eric Rudolph）於亞特蘭大奧運引爆了一枚土製水管炸彈，造成一人喪生，一百多人受傷。

美國九一一事件之後，在伊拉克與阿富汗的衝突中，非正規爆炸裝置發揮了它們最大的影響力。例如，2011年的阿富汗有超過一半的北大西洋公約組織（NATO）人員傷亡肇因於非正規爆炸裝置，而三分之一的阿富汗人死亡也是它們造成。而且自2012年1月至11月，根據北約主導的駐阿富汗國際安全援助部隊（ISAF）報告，70％的平民傷亡都由非正規爆炸裝置造成。根據伊拉克死亡統計（Iraq Body Count）網站的資料，在伊拉克有4萬1千636名百姓死於2003年3月20日與2013年3月14日之間的爆炸事件。

將兩次衝突的傷亡總合起來，非正規爆炸裝置共殺害了超過3千1百名美軍士兵，以及其他人員3萬3千名。非正規爆炸裝置在這兩次戰爭地區以外的重要性也在成長：根據非正規爆裂物聯合對策組織（Joint Improvised Explosive Device Defeat Organisation, JIEDDO）統計，2012年9月後的十二個月中，超過1萬5千個簡易爆炸裝置在阿富汗以外爆炸。該組織長官美國陸軍中將約翰・強生（John Johnson）承認：「非正規爆炸裝置造成許多傷痛，我們花費了相當多精力與財力，對抗這種武器系統並保護我們的軍隊」。

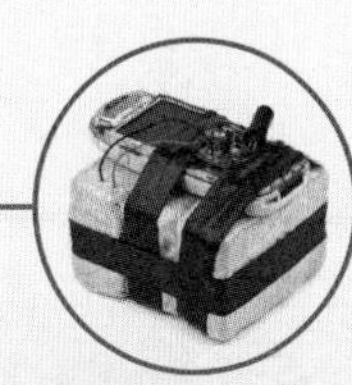

非正規爆炸裝置的構造

非正規爆炸裝置有許多形狀與大小，不過多數由以下零件構成：電源供應器，如電池，供應電力給觸發器或開關之類的組件，以引燃雷管或引線；美名為「加強物」（enchantment）的玻璃、鐵釘或金屬碎片等物件，會被封裝或包在炸彈主體裡面等待引爆；最後，整個炸彈會裝在一個容器，容器在爆炸時也會成為破片的一部分。

主要炸藥可以是軍用炸藥，如C4、土製炸藥（例如ANFO，為一種混合氧化劑的硝酸銨與縱火材料的燃油），或是改裝的軍火（例如老地雷、未爆砲彈、手榴彈等等）。北約諮詢、指揮控制局的反非正規爆炸裝置專家法蘭科・菲奧雷（Franco Fiore）說道，「對抗這些裝置有其困難，引爆可透過指令、定時器或詭雷傳達。它們可能埋在地下，或配合環境偽裝」。

利用行動電話啟動路邊炸彈乃是常見的技術；啟動人員從隱蔽的位置觀察往來交通，一旦目標進入視線，便撥打號碼啟動非正規爆炸裝置。另一個簡便的低科技替代方法，是以電線連接電池與引線，當電線通電時，非正規爆炸裝置便被引爆。

然而，把非正規爆炸裝置想成業餘烏合之眾拋擲的簡單原始裝置，實是錯誤觀念。這些裝置的構造可能相當精細，並有專門的技術人員、訓練員、供應鏈與資助者等構成的多重網絡在背後支持，引爆者通常在此食物鏈的底層（單純的農夫或牧民，接受大筆金錢受雇挖洞及監視目標）。

反擊非正規爆炸裝置

非正規爆炸裝置被當做攻擊北約武力的主要武器，因此引來了大規模對抗非正規爆炸裝置的投資，從干擾與掃描技術的發展，到嗅覺偵測用犬隻，以及大量的反情報計畫。以非正規爆裂物聯合對策組織為例，從2006年起，他們已經花費近美金250億，用於保護軍隊設備、訓練，以及鎖定炸彈製造網路。最為人熟知的反非正規爆炸裝置行動之一，就是反地雷抗伏擊車輛（Mine Resistant Ambush Protected vehicles），一種能分散爆炸震波的V型底盤裝甲貨車；另外，大多數阿富汗國際安全援助部隊的車輛現在也都配有干擾裝置。

根據法蘭科・菲奧雷所述：「干擾器發

如今，幾乎所有伊拉克的非正規爆炸裝置都是土製炸彈。它們製作容易、使用簡易，且成本最低。

——哈迪・沙爾門（Hadi Salman）將軍，美國駐伊拉克國防部工程負責人，西元2013年

西元2009年，位於阿富汗，一隻名為卡列西（Krash）的炸彈偵測犬正在路旁一處可疑的石堆中尋找非正規爆炸裝置。

出比發射器更強的電磁波，甚至可取而代之，讓非正規爆炸裝置接收失效」。其他的裝置包括：可發出高頻無線電脈衝、近距離使用無線電波造成非正規爆炸裝置電子系統癱瘓、遠距離使用微波脈衝將非正規爆炸裝置電子系統「煎熟」，以及在半徑30公尺內以雷射偵測並破壞爆裂物雷射導引的光譜。不過在這些高科技之下，嗅覺偵測的犬隻仍然是偵查非正規爆炸裝置最有效的方法。

目前，許多對抗非正規爆炸裝置的工作著眼於事前防範，目標針對它們背後的組織網絡。反非正規爆炸裝置中心（C-IED Centre）負責人德梅特里奧（Santiago San Antonio Demetrio）上校說道：「對付非正規爆炸裝置的訓練，主要專注在裝置安放於定點前，反擊這些組織網絡人員的能力」。為達到此目標，美國已於聯邦調查局實驗室的恐怖爆炸裝置分析中心（TEDAC），靜悄悄地累積了巨大的非正規爆炸裝置殘骸與組件庫藏。美國華盛頓特區外圍的某間倉庫便收藏了十年來蒐集到的十萬件爆裂裝置殘骸，每個月還會有超過八百件新零件從阿富汗與其他二十個國家送達。分析中心負責找尋指紋、共用零件、相似技術，以及個別炸彈製造者的線索，據說已經指認出千人以上。

北約秘書長安德斯・福格・拉斯穆森（Anders Fogh Rasmussen）將軍在2012年的記者會中宣布：「在阿富汗，我們已經學會保護部隊免受路邊炸彈傷害的重要。所以，部分盟國將聯合起來，發展能清除這些炸彈的遙控機器人，以保護我們的部隊與平民」。相信考慮到此方面的至關重要，將給予長期的持續投資。

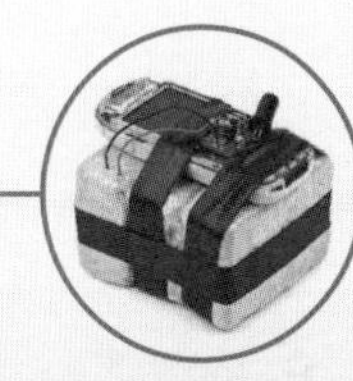

發明者
British Royal Navy
英國皇家海軍

無人飛行載具
UAV Drones

社會
政治
戰術
科技

種類
無人飛行載具

二十一世紀

無人載具（drone）是無人駕駛載具的通稱，可包括船與陸上載具。至今最普遍的種類是無人飛行載具（UAV drone），雖然其主要發展者與買家（美國五角大廈），比較喜歡稱之為「無人飛行系統」（UAS）。無人載具並非機器人，機器人是自主並可反應，而所有無人載具目前全是遙控或程式設定。然而，兩者之間的分隔線的確越來越模糊（第214頁）。

遠距自動機械

無人載具看似只存在於科幻小說，但是在這十年之間，它們已轉變戰爭的本質。最有名的無人飛行載具「掠奪者」（Predator），被《史密森尼》（*Smithsonian*）航空太空雜誌列為改變世界的十個頂尖飛行器之一。美國五角大廈目前擁有將近一萬一千具無人飛行裝置，占軍用航空器的三分之一（儘管其中大多數是小型渡鴉式（Raven）無人偵查機，每個重量僅有1.9公斤）。這也顯示在非常短的時間之內，無人飛行裝置就有巨幅的增長；2005年只有5%的美國軍機為無人載具，現今的無人載具機數量幾乎已經確定超越有人飛機。無人載具的投資也進一步提升：美國五角大廈計畫到2018年終前，將花費近美金240億在無人空中、陸地與海事機械系統。

2006年一名美國士兵於伊拉克發射渡鴉式無人飛行載具，渡鴉為世上最普遍的軍事無人飛行載具，用來進行偵查與監視。

無人載具的歷史意外地悠久。雖然起初並不被看好或理解，第一位公開展示無線通訊的是尼古拉・特斯拉（Nikola Tesla），他在1898年於麥迪遜花園廣場電學博覽會推出可能是第一架無線電控制載具，也就是第一架無人飛行載具，特斯拉稱之為「遠距自動機械」（telautomatons）。它們以無線電操作，有複雜的光學及馬達操控系統，使它們能做複雜的運作。不過它只能對少數幾個頻率傳輸的正確編碼有反應。

第一次世界大戰時，英國發明家哈利・格林戴爾・馬修斯（Harry Grindell Matthews）成功將一款運用硒（selenium，一種發光時會產生電的金屬）的遙控技術販售給皇家海軍。他以硒達成簡單的搖控技術，建造了一艘名為「拂曉號」（Dawn）、以光束遙控的船。馬修斯宣稱這種光束為「波段高到眼睛無法看見的脈波」。小船配備的硒駕駛設備能以一束探照燈光操作，最終能於「散射的日光情況」下，在距離2.7公里的遠處，或夜間8公里的距離操作這艘船。英軍雖然買下了這項技術，卻從未進一步發展。

女王蜂與地獄貓

二戰時期雙方陣營都發展出無線電控制的飛行器，比如德國的阿格斯・阿斯292（Argus As 292）、英軍的女王蜂（Queen Bee），以及與可載運1公噸炸彈來轟炸敵軍運輸艦的美國TDR無人載具。美國空軍將多架F6F地獄貓戰鬥機（Hellcat）掛載了遙控機，並裝載總共907公斤的炸彈，充當無人的神風特攻隊，在韓戰時摧毀目標。1960與1970年代，美軍使用AQM-34萊恩火蜂（Ryan Firebee）無人載具從事偵察活動，不過高性能現代無人載具，如掠奪者的前身，始自以色列於1970與1980年代發展的「斥侯」（Scout）與「先鋒」（Pioneer）輕型滑翔無人載具。

無人載具技術的發展過程中，也許還有些無心插柳的結果，例如SPRITE無人機的出現：西元1970年，西地直升機公司（Westland helicopters）設計了一款軍用隱形無人迷你直升機，名為監視巡邏偵察情報目標導向電子作戰機（Surveillance Patrol Reconnaissance Intelligence Targe

萊恩火蜂無人飛行載具吊掛在大力神運輸機（Hercules, C-130）的機翼下。火蜂是美國第一架廣泛使用的無人飛行載具，目前發展成為射擊練習靶機。

我有一個兄弟隸屬於陸軍特種部隊。老實說，我不希望他出門時，頭頂沒有跟著一臺死神偵察機。

——克里斯・高夫中校（Chris Gough），死神偵察機駕駛，2009年

Designation Electronic Warfare, SPRITE），它攜帶了熱影像儀、雷射與其他高科技軍備。SPRITE無人機於1980年代早期在英國威爾特郡進行的高機密夜間飛行測試時，被認為是當地許多人目擊飛碟的主因。

高超性能

軍事方面，無人飛行載具的應用幾乎是理所當然的事，尤其在美軍之中。與傳統飛機比較下，無人飛行載具更便宜、可拋棄、容易運送與部署，且燃料需求更少。最關鍵的是操作人員可以免於傷害。許多美國掠奪者與死神（一種較大的武裝無人載具）的任務都是從靠近拉斯維加斯的克里奇（Creech）空軍基地所操控。無人飛行載具的「駕駛」，藉由衛星連線控制飛機，並可進行戰鬥任務，摧毀可疑的恐怖份子與起事者，然後開車回到位於郊區的家與家人共進晚餐。這個脫離現實的作戰方式，雖然根據報告會帶給操作者高度工作疲勞，卻也改變了二十一世紀的戰爭特質，使得美國的敵人更顯得壓力巨大。2009年，克里斯・錢布利斯（Chris Chambliss）上校接受美國哥倫比亞廣播公司新聞訪問時，評論了克里奇的無人飛行載具，「當我們能有三十四架飛機可以全天候使用，可以監看任何目標，是相當厲害的能力，讓敵軍必須因此改變作戰方式。他們需要隱藏更多東西，因為他們無從得知我們在監看什麼，他們甚至不知道我們在哪裡。」

無人飛行載具未來的發展方向，包括更長的航程以及更強的技術；將體積更小、更便宜且可拋棄式的微型無人飛行載具配給步兵；並且發展航程更長的大型武裝無人飛行載具。五角大廈最近的報告〈無人系統整合指南FY2013-2038〉中描述：「須適應以新概念開發的武器，包括持續善用無人系統，並進一步結合網路運用能力取得優勢。而利用人員與無人系統的團隊合作來改善感應－射擊操控程式是關鍵要素，能進一步減少殺傷目標所需的時間」。換句話說，搖控技術的運用將提升軍隊的殺傷效率。

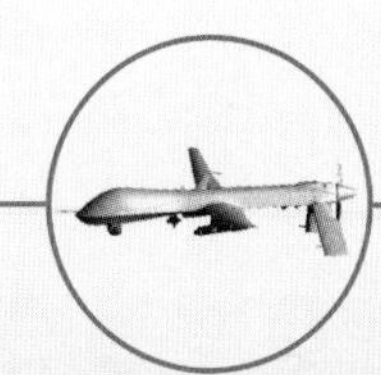

UAV無人飛行載具

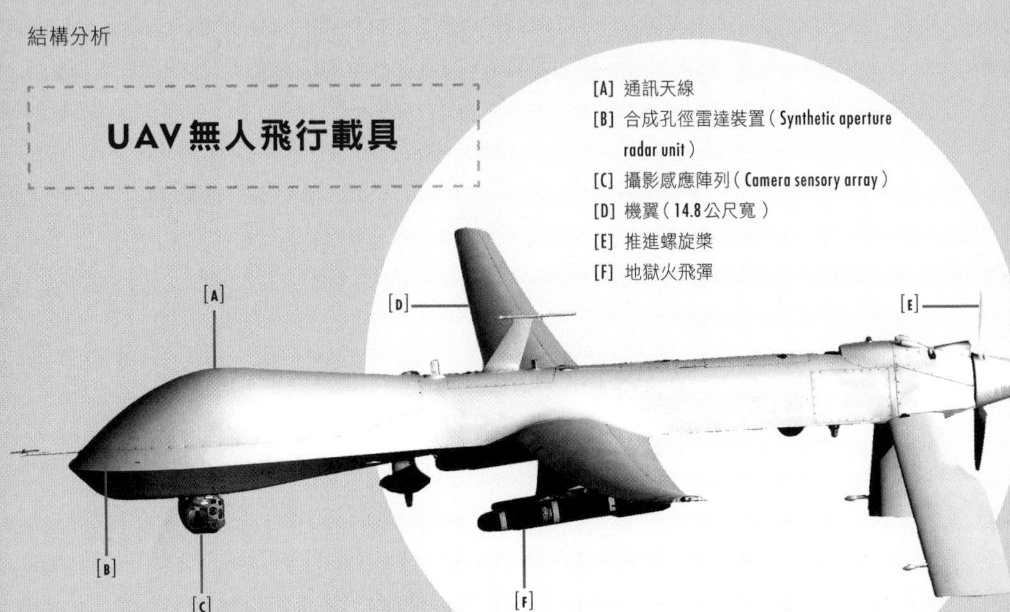

最知名的無人飛行載具是掠奪者。它有著14.8公尺寬的機翼、螺旋槳式推進器，以及中海拔遠程飛行能力。製造商通用原子航空公司（General Atomics Aeronautical）將其描述為「世上最具實戰能力的無人飛行系統」。掠奪者可飛到高度為7,600公尺的空中，並持續飛行四十小時（掛載全滿的狀態下是二十四小時）。它可扮演偵察機，亦有武裝功用；可配備地獄火（Hellfire）飛彈化身為戰鬥轟炸機，此類機型稱為MQ-1。掠奪者在美軍中的地位越來越重要。它於1994年第一次飛行，到了2007年，機隊累積了二十五萬飛行時數。但是，二十個月後便累積至五十萬小時。

具有作戰功能的MQ-1掠奪者已進行富有爭議的空中隱形暗殺計畫，例如2002年11月3日中央情報局（CIA）對葉門展開的攻擊，掠奪者便發射了地獄火飛彈，試圖除去被認為是美國戰艦柯爾號（USS Cole）爆炸事件首謀的蓋達領袖阿里・哈利斯（Qaed Senyan al-Harthi）。「掠奪者已經成為我們作戰的核心」，美國空軍參謀長諾頓・史瓦茲（Norton Schwartz）將軍於接受CBS節目〈六十分鐘〉（60 Minutes）的訪問時說到，「幾乎可說是破壞蓋達組織的先鋒」。

重點特徵

名字的意義

掠奪者的製造商擔心「drone」這個字眼有貶抑之意，可能讓人對其有「粗枝大葉」的聯想，與其致命的攻擊能力不相稱，甚至「無人飛行載具」也無法適切地反應掠奪者系統的關鍵要素：（遠端）操控系統。因此，「遙控飛行器」（remotely piloted vehicle）目前較受到官方青睞。例如，在伊拉克，掠奪者的操作團隊通常由駐守在掠奪者起降空軍基地的駕駛員與感測操作員組成，他們得確保起飛與降落過程順利。一旦在空中，掠奪者的控制則交付美國當地空軍基地的操作團隊，透過衛星連線做超遠端遙控。

50

發明者

Boston Dynamics

波士頓動力公司

機器人
Robots

社會
政治
戰術
科技

種類

自主機械系統

未來

試想一場只有機器戰士的戰爭。快速敏捷、具有仿生構造與關節、觸鬚狀肢體從外殼間瞬間刺出，還能不斷以短波通訊，經由個體回饋機制建構出群體智能（swarm algorithm），再利用複雜多變行為模式組織進攻。更巨型的履帶重砲裝甲機械轟隆隆地跟在後方，上面還有一群微小的自主飛行物為地面單位提供監視資料，同時搜尋目標。攻擊開始後，破壞毀滅傾瀉而來，而過程中沒有任何一個人類參與。

機器人神話

這種幻想情節是一個世紀以前，科幻小說家勾勒出來關於機器人（robots）的概念，在歷經《魔鬼終結者》（*The Terminator*）與《駭客任務》（*The Matrix*）等電影面世後，成為現代共通的文化潮流。

如果群眾透過懶惰的新聞媒體餵食關於現代軍事科技的資訊，那麼這樣的情節已經近在眼前；而且，機器人的開發已經開始改變且很快地就會全面接管戰爭。事實上，現實與幻想很不一樣：在短至中期的未來中，機器人在戰爭的後勤支援與道德層面上，或許能帶來很深遠的影響。不過除此以外，其他的變化還很遙遠。

關於戰爭機器人，最被深信不疑的神話是「機器人已經在服役」。這個簡單的誤解起因於對「機器人」的定義。掠奪者（Predator）與無人飛行載具（UAV）等一般也被稱為機器人，但這並不算十分精確。機器人是自主機器，可以獨立進行任務。縱然任務內容再簡單，也不需要人類控制或引導。世上最常見的機器人是自動裝配線上的工作機器人：一個有關節的手臂，可以精準地遵照程式運作。相反地，無人載具並不自主，是以人為搖控方式駕駛。如美國太空總署火星探測車「好奇號」（Curiosity），這類無人載具可以有限度地自主行動（設定一系列的行動點後，它可以想辦法從某一點運行到下一點，應付途中障礙地形）。但是幾乎沒有任何軍事無人載具可以達到這種程度的自主。

用於檢查或拆除非正規爆炸裝置的無人地面載具（UGVs），就是最常認為是機器人的設備。北大西洋公約組織或盟國所用的無人地面載具，包括塔隆（TALON）、背包機器人（PackBot）、瑪蒂達（MATILDA）與亞瑟（ACER）。這些都屬於履帶車種，有寬扁的身形，亞瑟比其他載具都大型，基本上它就臺無人推土機。這些無人地面載具當作其他裝置的平臺，例如機器手臂、相機、探測器與救火設備。塔隆可武裝上不同種類的武器，包括機槍與榴彈發射

器，塔隆又稱為劍（SWORDS），也就是特種武器觀測偵察探測系統（special weapons observation reconnaissance detection system）的縮寫。它的第一次測試在西元2000年代早期，2007年曾少量送上伊拉克戰場，但沒有實用於野戰。一如無人飛行載具，無人地面載具也不是機器人——它們是遙控無人載具，由士兵在很近的距離操作。

西元2010年「最佳工兵」比賽中，一名掃雷工程師剛完成塔隆的部署準備。

機器人的麻煩

科幻小說家與未來學家向我們保證機器人將會隨處可見，但是幾十年過，為什麼軍隊還沒配備機器人？這不是軍事的錯，基本上這是機器人科學的挫敗。說得容易，但做起來實在太難。

自動機器裝置的神話與傳說早在荷馬（Homer）的《奧德賽》（*Odyssey*）就出現，但現實版本則是始終設計為娛樂與賞玩。「機器人」（robot）這個字有比較近代的起源，1921年由捷克劇作家與未來學家卡雷爾・恰佩克（Karel apek）所創造。在恰佩克的劇本《羅素姆的萬能機器人》（*Rossum's Universal Robots*）中，他借用了捷克文robota一字，原意是農奴或勞動者，故事裡描述工廠老闆打造了自動化勞工。真實

想發展出具有特殊功能的機器人很困難，但是我們在韓國非軍事區（Korean Demilitarised Zone, DMZ）裡，已經以半自主系統取代了哨兵。

——亞利桑那州立大學工程學教授巴登・阿納比（Braden Allenby），2014年

的機器人直到1956年才問世，工程師約瑟夫・英格爾伯格（Joseph Engelberger）與發明家喬治・德弗（George Devol）成立了優尼梅生公司（Unimation），世上第一間機器人公司。他們發展出第一臺工業機器人優尼梅（Unimate），一架像鶴的機械裝置，末端有一隻抓取手。1962年機器人優尼梅在通用汽車公司位於紐澤西翠登（Trenton）的生產線上作業，負責吊起與堆疊熱金屬板。但可供商業使用的機器人並沒有進展得如優尼梅這般快速，因為真正的自主機器人實際面臨的挑戰十分艱鉅。

人類與其他動物天生享有感應與協調複雜動態的能力，並與環境穩定互動，同時可有效供應能量維持自身行動。想讓機器做到上述任何一件，目前已證明是幾乎不可能的事。其中一項主因是人工智能發展極其困難，就算是只接近動物的基本感知能力都很難達到。重量輕而持久的能源組件也是個問題，必須要有能在實驗室以外生存的穩定設計與工程技術。想克服這些挑戰實在太過困難，因此還有個為人熟知的笑話：「離機器人還有二十年，而且永遠都是二十年」。

阿爾發狗

不過現代至少有一種真正的機器人十分接近軍事使用門檻。波士頓動力公司從動物生物力學（animal biomechanics）尋求靈感，設計出因網路曝光而聲名大噪的行走機器人。其中最知名的是美國國防高等研究計畫署（DARPA）部分贊助的四足機械人「大狗」（Big Dog），並進一步開發出「阿爾發狗」（AlphaDog），或稱L3有足編班支援系統（L3 Legged Squad Support System）。這是一種能負重181公斤、行走32公里，並運作超過二十四小時的載運機器騾子，能夠應對惡劣地形，以及摔倒後可自行站正。波士頓動力公司相關的原型還有「野貓」（WildCat），一種能快速行動的四足機器人，可以每小時25公里的速度奔跑。

這些都是真實的機器人，它們行動自主而不需人類控制（雖然他們的確接受指示，聽命於簡單指令如「停」與「跟著」等，可以固定距離跟隨著人類主人）。阿爾發狗的發展始自2005年，但到現在仍未能進入完整的野外測試。波士頓動力公司的共同創辦人馬可・萊伯特（Marc Raibert）於2013年11月評論野外測試：「當幾年前計畫開始時，阿爾發狗的平均失敗時距短到只有半小時。現在已經改進為每三點四小時發生一次」。

雖然阿爾發狗或其他真正的自主機器人還需數年才有可能上陣服勤，到時它們都將有裝載軍事武器的潛力，如特隆、塔隆。另一方面，允許自主機器人自行決定開火與殺戮，也將帶來新的道德困境。

延伸閱讀

Arthur, Max (2005) *Last Post: The Final Word from our First World War Soldiers*, London: Weidenfeld & Nicolson

Bidwell, Shelford and Dominick Graham (2004) *Fire Power: The British Army Weapons and Theories of War 1904–1945*, Barnsley: Leo Cooper Ltd

Bodley Scott, Richard, Nik Gaukroger and Charles Masefield (2010) *Field of Glory Renaissance: The Age of Pike and Shot*, Oxford: Osprey

Brodie, Bernard (1959) *Strategy in the Missile Age*, Princeton: Princeton University Press

Brodie, Bernard and Fawn M. Brodie (1973) *From Crossbow to H-Bomb: The Evolution of the Weapons and Tactics of Warfare*, Bloomington, IN: Indiana University Press

Campbell, Christy (2012) *Target London: Under Attack from the V-weapons during WWII*, London: Little, Brown

Chambers, John Whiteclay II, ed. (1999) *The Oxford Companion to American Military History*, Oxford: Oxford University Press

Chun, Clayton K.S. (2006) *Thunder Over the Horizon: From V-2 Rockets to Ballistic Missiles*, Westport, CT: Praeger Publishers

Cooper, Jonathan (2008) *Scottish Renaissance Army 1513–1550*, Oxford: Osprey

Cowley, Robert and Geoffrey Parker, eds. (1996) *The Osprey Companion to Military History*, Oxford: Osprey

Croll, Mike (1998) *The History of Landmines*, Barnsley: Pen & Sword Books Ltd

Dear, I.C.B. and Peter Kemp, eds. (2005) *Oxford Companion to Ships and the Sea*, Oxford: Oxford University Press

Dear, I.C.B. and M.R.D. Foot, eds. (2005) *The Oxford Companion to World War II*, Oxford: Oxford University Press

Delbrück, Hans (1990) *The Dawn of Modern Warfare (History of the Art of War, Volume IV)*, trans. by W. J. Renfroe, Lincoln, NE: University of Nebraska Press

Forczyk, Robert A. (2007) *Panther Vs T-34: Ukraine 1943*, Oxford: Osprey

Gillespie, Paul G. (2006) *Weapons of Choice: The Development of Precision Guided Munitions*, Tuscaloosa, AL: University of Alabama Press

Hardy, Robert (1976) *Longbow: A Social and Military History*, Cambridge: Stephens

Holmes, Richard, ed. (2001) *The Oxford Companion to Military History*, Oxford: Oxford University Press

Keegan, John (2004) *The Face of Battle: A Study of Agincourt, Waterloo and the Somme*, London: Pimlico

Keegan, John and Richard Holmes (1985) *Soldiers: A History of Men in Battle*, London: Hamish Hamilton

Levy, Joel (2012) *History's Worst Battles: And the People Who Fought Them*, London: New Burlington

Liddell Hart, B. H. (1959) *The Tanks: The History of the Royal Tank Regiment and its Predecessors*, London: Cassell

Liddell Hart, B. H. (1973) *The Other Side of the Hill: The Classic Account of Germany's Generals, Their Rise and Fall, with Their Own Account of Military Events, 1939-1945*, London: Cassell

Loades, Mike (2010) *Swords and Swordsmen*, Barnsley: Pen & Sword Military

MacGregor, Neil (2012) *A History of the World in 100 Objects*, London: Penguin

Macksey, Kenneth (1976) *Tank Warfare: A History of Tanks in Battle*, St. Albans: Panther

Manucy, Albert C. (2011) *Artillery Through the Ages: A Short Illustrated History of Cannon*, Leonaur

McNab, Chris (2011) *A History of the World in 100 Weapons*, Oxford: Osprey

McNab, Chris (2011) *The Uzi Submachine Gun*, Oxford: Osprey

Moynihan, Michael, ed. (1973) *People at War 1914–1918*, Newton Abbot: David and Charles

Nicholson, Helen J. (1997) *The Chronicle of the Third Crusade: A Translation of the Itinerarium Peregrinorum et Gesta Regis Ricardi (Crusade Texts in Translation)* Aldershot, England: Ashgate

Popenker, Maxim and Anthony G. Williams (2011) *Sub-machine Gun: The Development of Sub-machine Guns and Their Ammunition from World War 1 to the Present Day*, Ramsbury: Crowood Press

Rhodes, Richard (1988) *The Making of the Atomic Bomb*, London: Penguin

Rottman, Gordon L. (2011) *The AK-47: Kalashnikov-series Assault Rifles*, Oxford: Osprey

Simpson, John (2009) *Strange Places, Questionable People*, London: Pan Macmillan

Singer, P. W. (2011) *Wired for War: The Robotics Revolution and Conflict in the 21st Century*, London: Penguin

Stanford, Dennis J. and Bruce A. Bradle (2013) *Across Atlantic Ice: The Origin of America's Clovis Culture*, Berkeley, CA: University of California Press

Tonsetic, Robert L. (2010) *Days of Valor: An Inside Account of the Bloodiest Six Months of the Vietnam War*, Havertown, PA: Casemate

Tucker, Spencer C., ed. (2009) *A Global Chronology of Conflict: From the Ancient World to the Modern Middle East*, Santa Barbara, CA: ABC-CLIO

Turnbull, Stephen (2002) *World War I Trench Warfare (1): 1914–16*, Oxford: Osprey

Vale, Malcolm (1981) *War and Chivalry: Warfare and Aristocratic Culture in England, France and Burgundy at the End of the Middle Ages*, London: Duckworth

White, Lynn (1962) *Medieval Technology and Social Change*, Oxford: Clarendon Press

Wills, Chuck (2006) *An Illustrated History of Weaponry: From Flint Axes to Automatic Weapons*, London: Carlton

推薦相關網站

Ancient Chinese Military Technology 古代中國軍事科技 *depts.washington.edu/chinaciv/miltech/miltech.htm*

Army Technology 軍事科技 *www.army-technology.com*

The Association for Renaissance Martial Arts 文藝復興時期軍事藝術協會 *thearma.org*

British Battles 大英帝國戰役 *britishbattles.com*

Browning (gunsmiths) 白朗寧武器公司 *www.browning.com*

Chuck Hawks Naval, Aviation and Military History 查克・霍克斯艦隊，航空與軍事歷史 *www.chuckhawks.com/index3.naval_military_history.htm*

De Re Militari, The Society for Medieval Military History 軍事研究，中世紀軍事歷史協會 *deremilitari.org*

Defense Tech 軍事防禦科技 *defensetech.org*

Encyclopaedia Romana 羅馬百科 *penelope.uchicago.edu/~grout/encyclopaedia_romana/index.html*

Engineering the Medieval Achievement 中世紀工程 *web.mit.edu/21h.416/www/index.html*

Evolution of Modern Humans 現代人類演化 *anthro.palomar.edu/homo2/default.htm*

Eyewitness to History 見證歷史 *eyewitnesstohistory.com*

The Garand Collectors Association 格蘭德步槍收藏協會 *thegca.org*

Historic Arms Resource Centre 歷史武器資源中心 *rifleman.org.uk*

Illustrated History of the Roman Empire 圖解羅馬帝國歷史 *roman-empire.net*

International Campaign to Ban Landmines 國際禁用地雷組織 *icbl.org*

Internet History Sourcebook Project, Fordham University 美國福德漢姆大學之歷史資料網站計畫 *www.fordham.edu/Halsall/index.asp*

The Lee Enfield Rifle Association 李－恩菲爾德步槍協會 *www.leeenfieldrifleassociation.org.uk*

Military History magazine 軍事歷史雜誌 *www.historynet.com/magazines/military_history*

myArmoury 歷史武器與盔甲收藏網站 *www.myarmoury.com*

The Napoleon Series 拿破崙系列檔案 *napoleon-series.org*

North Atlantic Treaty Organisation (NATO) 北大西洋公約組織 *www.nato.int*

Naval History and Heritage Command 海軍歷史遺產司令部 *www.history.navy.mil*

Prehistoric Archery and Atlatl Society 史前箭術與擲矛協會 *www.thepaas.org*

The Roman Military Research Society 羅馬軍事研究協會 *romanarmy.net*

Spartacus Educational 斯巴達克斯教育網站 *http://spartacus-educational.com*

The Great War 第一次世界大戰戰役與歷史 *www.greatwar.co.uk*

World Guns 世界槍枝大全 *world.guns.ru*

Xenophon Group 色諾芬集團 *xenophongroup.com*

本書圖片版權

8 © BabelStone | Creative Commons

9 top © Mercy from Wikimedia Commons | Creative Commons

9 bottom © Didier Descouens | Creative Commons

10 © Michel wal | Creative Commons

12 © jason cox | Shutterstock.com

14 © Daderot | Creative Commons

15 © Eric Gaba | Creative Commons

16, 19 © Creative Commons

20 © Daderot | Creative Commons

24 © INTERFOTO | Alamy

25 © Dbachmann | Creative Commons

27 © Getty Images

31 © Luis García | Creative Commons

32 © Mary Evans Picture Library

35 © Library of Congress | public domain

36 © duncan1890 | iStockphoto

39 © Library of Congress | public domain

41 © INTERFOTO | Alamy

43 © Ivy Close Images | Alamy

44 © oksana2010 | Shutterstock.com

55 © INTERFOTO | Alamy

61 © Mary Evans Picture Library | THE TANN COLLECTION

64 Library of Congress | public domain

66 © Getty Images

68 © UIG via Getty Images

69 © UIG via Getty Images

70 © HiSunnySky | Shutterstock.com

72 © Lee Sie | Creative Commons

77 © Time & Life Pictures | Getty Images

78 © Getty Images

82 © Kallista Images | Getty Images

84 CDC/James Hicks | public domain

86 © Dan Kosmayer | Shutterstock.com

94 © Hein Nouwens | Shutterstock.com

101 © Illustrated London News Ltd | Mary Evans

108 © Getty Images

110 © Morphart Creation | Shutterstock.com

111 Library of Congress | Public Domain

112 © Aleks49 | Shutterstock.com

115 © Illustrated London News Ltd | Mary Evans

119 © Erwin Franzen | Creative Commons

120, 123 © Stocktrek Images, Inc. | Alamy

123 bottom © Topory | Creative Commons

124 © Jean-Louis Dubois | Creative Commons

126 © Minnesota Historical Society | Creative Commons

127 Library of Congress| public domain

129 © Otis Historical Archives National Museum of Health & Medicine | Creative Commons

132, 137 © AlfvanBeem | Creative Commons

138 © David Orcea | Shutterstock.com

139 © Jamie C | Creative Commons

141 © Getty Images

142 © Rama | Creative Commons

145 © Alf van Beem | Creative Commons

146 © TRINACRIA PHOTO | Shutterstock.com

150 © Andrei Rybachuk | Shutterstock.com

152 © UIG via Getty Images

156 © Bundesarchiv, Bild 146-1973-029A-24A | Lysiak | Creative Commons

158 © SSPL via Getty Images

166 © mashurov | Shutterstock.com

169 top © zimand | Shutterstock.com

170 © zimand | Shutterstock.com

174 © Wiskerke | Alamy

178 © Stephen Saks | Getty Images

184 © zimand | Shutterstock.com

188 © Imperial War Museums (FIR 9263)

200 © Gamma-Rapho via Getty Images

203 © US Navy | Creative Commons

204 © Smitt | iStockphoto

214 © AlamyCelebrity | Alamy

本書所有圖片版權聲明如下。我們已善盡一切可能找到本書圖片來源，如有不慎遺漏或謬誤之處，我們深表歉意。任何協尋本書圖片版權聲明缺漏的公司或個人，致上萬分謝意。

中英對照

H

I

K

L

M

N

O

P

R